Benjamin Busche

Möbel aus Holzpaletten

Preiswert und einfach selber bauen

Bassermann

ISBN: 978-3-8094-3448-1

1. Auflage

Projektleitung: Herta Winkler
Herstellung: Sonja Storz
Gesamtproducing: Jung Medienpartner GmbH, Limburg/Lahn

Bildnachweis: Alle Bilder von Jung Medienpartner GmbH, Limburg Lahn
Umschlaggestaltung und Fotografie: Jung Medienpartner GmbH, Limburg Lahn

FSC www.fsc.org
MIX
Papier aus verantwortungsvollen Quellen
FSC® C012536

Verlagsgruppe Random House FSC® N001967
Das für dieses Buch verwendete FSC® zertifizierte Papier *Profimatt*
liefert Sappi, Ehingen

Druck und Bindung: Druckerei Theiss, St. Stefan im Lavanttal

Printed in Austria

Inhaltsverzeichnis

Herzlich willkommen!
Heute bei uns zu Gast:

Warum Möbel aus Paletten?

Designer und kreative Handwerker sind immer auf der Suche nach neuen Materialien, und so ist es nicht weiter verwunderlich, dass man irgendwann auf die Paletten stieß. Möbel aus Holzpaletten sind praktisch, stabil und preiswert herzustellen. Außerdem sehen sie gut aus. Was gut aussieht, darüber kann man sich natürlich streiten. Doch es ist unbestritten, dass selbst anerkannte Möbeldesigner immer wieder neue Wege gehen und neue Materialien einsetzen. Es stellt sich aber auch immer die Frage nach dem „Wie". Wie kann man es machen, und wie gestaltet man die Dinge, damit sie Gefallen finden? Das „Wie" spielt also eine entscheidende Rolle.

In diesem Buch finden sich einige Beispiele dafür, wie man praktische Möbel aus Paletten bauen und gestalten kann. Mit etwas Geschick und einfachen Werkzeugen wird es Ihnen auch gelingen. Ich selbst bin auch kein gelernter Schreiner, sondern eher als „Schreibtischtäter" zu bezeichnen. Aber ich habe Spaß am Werken mit Holz und das Blut eines „Holzwurms" in mir, das mein Vater mir als Schreiner und Möbelpolierer vererbt hat. So konnte ich seit frühester Jugend die Werkzeuge und Gerätschaften in der Werkstatt meines Vaters kennen und benutzen lernen, was mir heute zugutekommt.

Es ist aber nicht erforderlich, dass man eine eigene Schreinerwerkstatt oder professionelle Maschinen besitzt, um Möbel aus Paletten zu bauen. Die wichtigste Voraussetzung ist, dass man Spaß am kreativen Werken hat und gern auch einmal neue Dinge ausprobiert.

Als mein heute 85 Jahre alter Vater mir bei der Herstellung der Möbelstücke zusah, sagte er: „Vor fünfzig Jahren wäre ein Schreiner dafür mit Schimpf und Schande vom Hof gejagt und aus der Handwerkerinnung ausgeschlossen worden." Aber auch er findet es toll, was man aus Paletten alles bauen kann. Inzwischen ist er ganz begeistert und entwickelt ständig neue Ideen, was man noch aus Paletten schreinern könnte. So ist dieses Buch auch zu einem Teil das Buch meines Vaters.

Die Freude am kreativen Gestalten ist also eine wichtige Voraussetzung zum Bauen von Paletten-Möbeln, die den eigenen Vorstellungen und der gewünschten Nutzung entsprechen. Erlaubt ist, was gefällt. Doch das kann so verschieden sein, wie wir Menschen nun eben verschieden sind. Manche mögen es eher rustikal und andere eher stylisch, glatt und geradlinig. Auch die farbliche Gestaltung ist individuelle Geschmackssache. Während manche Designer das reine, rohe und unbehandelte Holz bevorzugen, mögen es andere lieber glatt, geschliffen und mit Farbe lackiert oder lasiert. Ich versuche in diesem Buch Anregungen für jeden Geschmack zu geben. Ob es mir wirklich gelingt, jeden Geschmack zu treffen, darf bezweifelt werden. Aber es steht Ihnen ja frei, die im Buch gezeigten Modelle nach eigenen Vorstellungen abzuwandeln. Wichtig ist nur, dass Sie keine schadstoffbelasteten Materialien und Farben verwenden und dass Ihre Möbel standfest sind und keine Verletzungsgefahr darstellen.

Paletten kann man im Fachhandel preiswert beziehen. Besonders Euro-Paletten sind in der Regel aus stabilem Holz gefertigt und sehr lange haltbar. Also sind sie eine solide Basis für alles, was wir daraus bauen wollen, und sie sind sehr strapazierfähig. Beachten Sie in der Einleitung die Hinweise zur Beschaffung – das ist wirklich wichtig.

Es ist für jeden Heimwerker zunächst einmal etwas gewöhnungsbedürftig, sich sein Material aus Paletten zurechtzuschneiden und, falls nötig, die Paletten auseinanderzunehmen. Doch mit den richtigen Werkzeugen ist das kein Problem.

Ich wünsche Ihnen nun viel Spaß beim Möbelbau mit Paletten und hoffe, dass dieses Buch Ihnen dabei Hilfe und Anregung sein wird.

Ihr Benjamin Busche

Werkzeuge

Das richtige Werkzeug ist unerlässlich für erfolgreiches Werken. Mit dem richtigen Werkzeug geht Vieles leichter und die Arbeitsergebnisse werden besser. Doch es muss kein teures Profi-Werkzeug sein. In der Regel reicht solides Werkzeug, wie man es in jedem Heimwerkermarkt bekommt, aus. Werkzeuge wie Hammer, Meißel, Beißzange, Kombizange, Schraubendreher, Metermaß, Wasserwaage usw. in verschiedenen Größen und Ausführungen sind unverzichtbar in einem Heimwerker-Haushalt. Für den Bau von Paletten-Möbeln sind aber auch Tischlerwerkzeuge wie Stemmeisen, Zimmermannswinkel und Schraubzwinge nützlich. Wenn man gebrauchte Paletten bearbeitet, kann eine Drahtbürste helfen, um zum Beispiel alte Farb- oder Mörtelreste zu beseitigen.

Nützlich ist auch eine Werkbank mit Schraubstöcken, um Werkstücke für die Bearbeitung sicher zu befestigen. Wer keine Werkbank besitzt, der sollte sich zwei stabile Arbeitsholzböcke besorgen oder selbst bauen. Ich arbeite seit über 20 Jahren mit zwei selbst gezimmerten Holzböcken mit einer Arbeitshöhe von 1,00 m, die für mich genau richtig ist. Am liebsten arbeite ich im Freien mit diesen Holzböcken. Hier können auch Staub und lästige Gerüche von Farben schnell abziehen.

Darüber hinaus sind folgende Elektro-Werkzeuge sehr zweckmäßig und zeitsparend:

- Handkreissäge mit Schnitttiefe von min. 55 mm und ca. 1200 Watt
- Stichsäge mit Schnitttiefe von 90 mm und min. 650 Watt
- Elektrofeile
- Delta- und/oder Flächenhandschleifgerät
- Bohrmaschine mit Holzbohrern
- Akku-Schrauber

Es müssen keine teuren Profi-Maschinen sein.

Grundausstattung für Möbelbauer

Akku-Schrauber

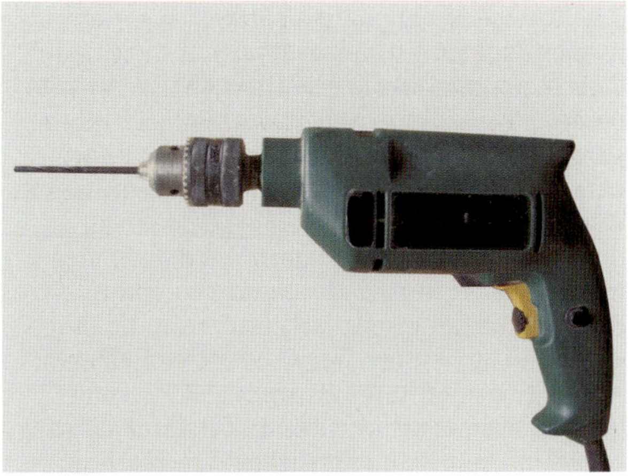

Bohrmaschine mit Holzbohrern

Delta-Handschleifgerät

Elektrofeile

Stichsäge (Schnitttiefe 90 mm; min. 650 Watt)

Handkreissäge (Schnitttiefe 55 mm; ca. 1200 Watt)

Material und Beschaffung

Welche Paletten sind geeignet?
Paletten gibt es in vielen Varianten und Ausführungen. Die Möbelobjekte in diesem Buch sind überwiegend aus Euro-Holzpaletten oder Einweg-Holzpaletten hergestellt. Teilweise sind auch Paletten-Abdeckbretter zum Einsatz gekommen. Doch neben Größe und Material sind auch die Herkunft der Paletten und andere wichtige Faktoren zu beachten.

Wichtig bei der Beschaffung!
Holzpaletten können mit gesundheitsschädlichen Pilzen infiziert oder mit giftigen Substanzen zur Bekämpfung von Holzparasiten behandelt worden sein. Paletten können auch vom Holzwurm oder den Larven des Holzbocks befallen werden. Es ist also Vorsicht angeraten, bevor Sie sich Paletten ins Haus holen, die nicht zertifiziert sind.

Am besten holen Sie sich Ihre Paletten im Fachhandel für Paletten. Diese sollten nach dem IPPC-Standard zertifiziert sein. Man erkennt diese an der Kennzeichnung wie in folgender Grafik:

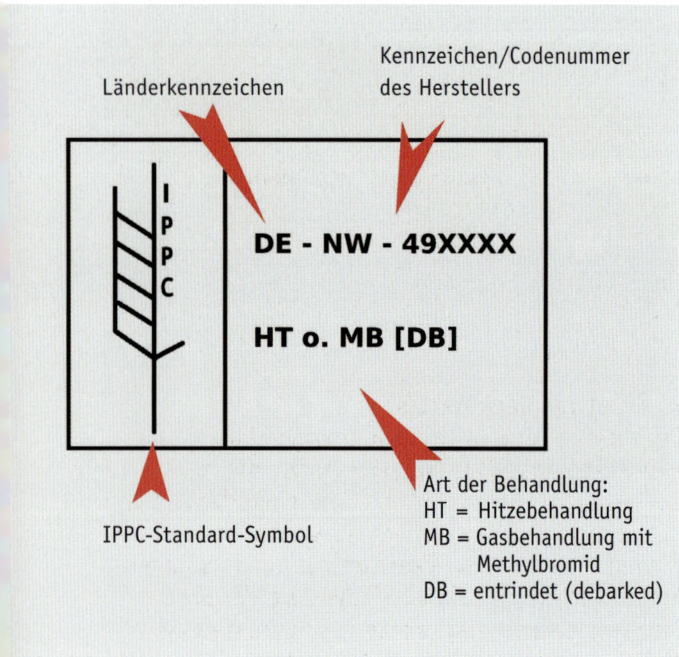

Benutzen Sie also keine Paletten oder Materialien, die nicht zertifiziert sind oder von deren sicherer Herkunft Sie nicht überzeugt sind. Benutzen Sie auf gar keinen Fall Paletten, die keine Kennzeichnung besitzen und deren genaue Herkunft Sie nicht kennen. Denken Sie an eventuelle Gesundheitsschäden und die Gefahr, dass Sie sich Pilze oder sonstige Parasiten ins Haus holen. Der Holzwurm ist da noch der harmloseste.

Im Internet finden Sie Fachhändler, die zertifizierte Paletten nach IPPC-Standard verkaufen. Diese sind in der Regel auch nicht viel teurer als andere.

Lassen Sie sich auch nicht dazu verleiten, ohne zu fragen irgendwelche Paletten von Baustellen mitzunehmen die dort vielleicht herumliegen. Sie würden sich des Diebstahls schuldig machen.

Was Paletten kosten:
In Deutschland konnte man im Jahr 2015 neue und nach IPPC-Standard zertifizierte Euro-Paletten (Kleinmengen bis 20 Stück) für rund 15,00 bis 20,00 Euro inkl. MwSt. im Fachhandel kaufen. Gut erhaltene und wenig gebrauchte Euro-Paletten gab es 2015 im Holzfachhandel für rund 7,00 bis 10,00 Euro inkl. MwSt. Im Internet finden Sie viele Informationen, Angebote und Adressen. Vorsicht bei Billigangeboten, die nicht eindeutig zertifiziert sind. Einwegpaletten sind in der Regel noch deutlich preisgünstiger.

Palettenformate
Es gibt weltweit die verschiedensten Palettenformate und Größen aus verschiedenen Materialien und zu unterschiedlichen Verwendungszwecken. Uns interessieren aber nur die Holzpaletten mit Normmaßen. Diese sind:

1) Die Euro-Palette:
Die Euro-Palette ist die meistbenutzte Palette in Europa und hat sich inzwischen auch als weltweiter Standard durchgesetzt. Sie ist eine stabile Holz-Mehrwegpalette mit den Maßen von 120 cm Länge, 80 cm Breite und 14,5 cm Höhe. Das Gewicht der Euro-Palette beträgt rund 22 kg, bei einem Feuchtegehalt im Holz von etwa 20%.

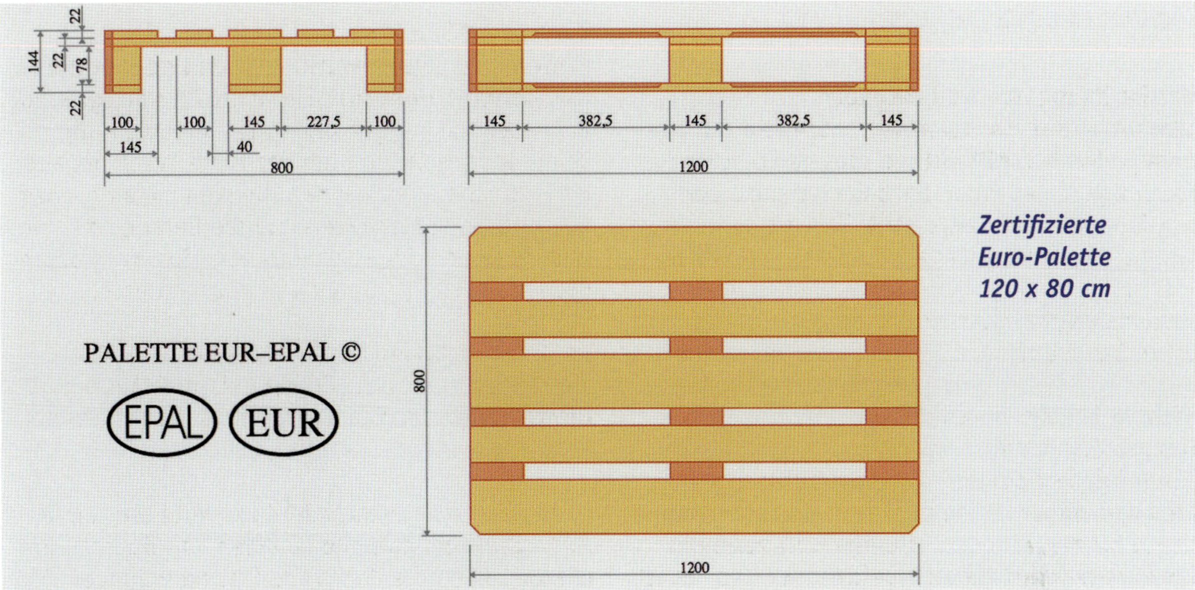

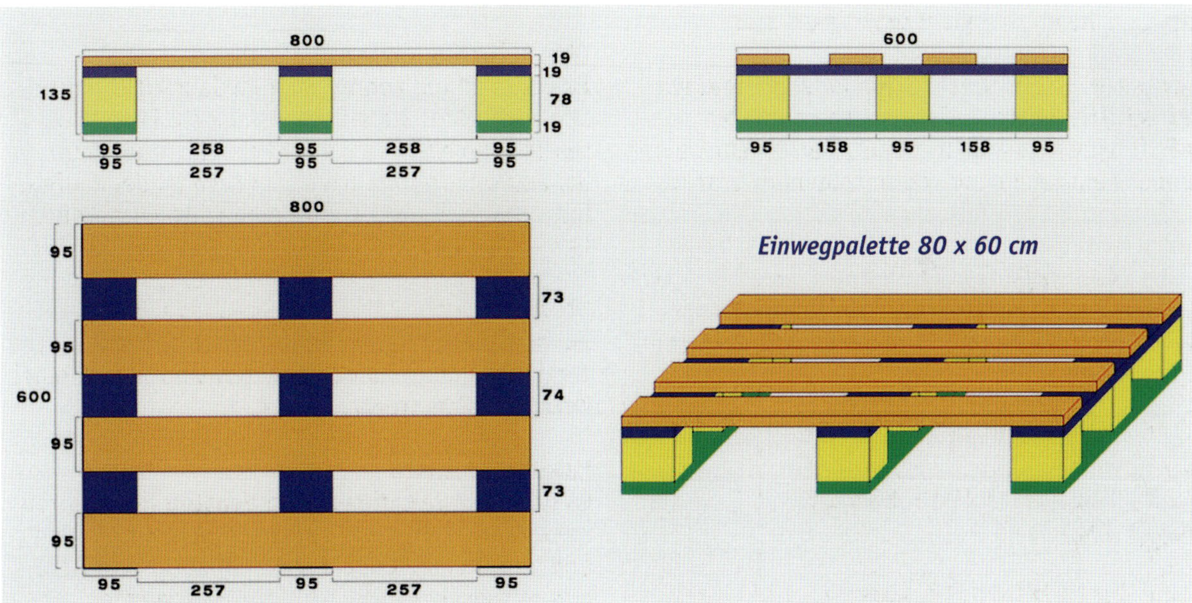

2) Ganze und halbe Einwegpaletten:

Sie werden zum Transport von Kleinmengen oder kleineren Gütern verwendet. Die Brettstärke ist geringer als bei der Euro-Palette, aber als Ergänzungsmaterial gut brauchbar. Es gibt Einwegpaletten im Maß 120 x 80 cm (wie die Euro-Palette) und 80 x 60 cm (halbe Palette). Diese Einwegpaletten gibt es auch mit IPPC-Zertifizierung und sind somit bedenkenlos einsetzbar.

3) Paletten-Deckbretter:

Deckbretter sind oft eine sehr vorteilhafte und arbeitssparende Materialalternative, die man gut als Seitenteile oder Ablageflächen der Möbel einsetzen kann. Sie ersparen das mühevolle Auseinandernehmen von Paletten zur Gewinnung von Einzelbrettern, die dann wieder zu einer Brett-Fläche zusammenfügt werden. Es gibt sie in den Maßen 120 x 80 cm und 80 x 60 cm.

Kanthölzer und Bretter
Nicht immer liefern uns die Paletten alle Holzteile, die wir zum Bau eines Möbelstücks benötigen. Kanthölzer und Bretter können im Einzelfall wertvolle Ergänzungsmaterialien sein, doch auch hier muss man Vorsicht bei der Beschaffung walten lassen. Nicht jedes alte Stück Holz ist geeignet für den Bau unserer Möbel. Parasiten wie Pilze, Holzbock und Holzwurm lauern überall. Außerdem weiß man nicht, welche Giftstoffe enthalten sind, wenn man die genaue Herkunft des Holzes nicht kennt. Also lieber im Fachhandel unbedenkliches Material kaufen.

Ergänzende Hölzer aus dem Fachhandel.

Weinkisten aus Holz
Ganz wunderbar lassen sich auch hölzerne Weinkisten für den Bau von Schubladen verwenden. Sie können Ihrem Möbel eine ganz besondere Note verleihen.

Weinkisten aus Holz sind hervoragend zum Bau von Schubladen geeignet.

Beschläge aus Metall und Holz
Türbeschläge, Türgriffe, Schubladengriffe und Magnetverschlüsse kann man überall im Heimwerkerhandel kaufen. Es lohnt sich aber auch manchmal, auf Flohmärkten nach alten/historischen Beschlägen Ausschau zu halten. Mit etwas Glück findet man ein paar schöne alte Schätzchen, die Ihr Möbelstück zu einem einzigartigen Schmuckstück machen. Auch im Internethandel findet sich manchmal das eine oder andere Schmuckstück.

Bei den Möbelstücken in diesem Buch wurden nur handelsübliche Beschläge verwendet, damit Sie sehen, dass Ihr Möbelstück auch damit ganz gut aussehen kann.

Natürlich steht es Ihnen auch frei, Tür- und Schubladengriffe selbst herzustellen. Manchmal kann auch ein rundes Eingriffsloch, ein aufgeschraubtes Stück Holz oder ein Stück von einem Seil einen teuren Griff ersetzen und Ihrem Werkstück seinen ganz eigenen Charakter verleihen.

Beschläge: alt, neu und selbst gemacht.

Holzschutzfarben

Als ***Grundanstrich*** dient eine ***Holzschutzlasur*** (farblos oder kiefernhell), die nach dem Zuschneiden und Schleifen mit dem breiten Pinsel ein- bis zweimal aufgebracht wird. Diese tötet Fäulnispilze, schützt das Holz vor dem Eindringen neuer Pilze und dient als Grundlage für den späteren Endanstrich.

Als ***Endanstrich*** verwendet man meist ***Holzschutzfarben oder Lacke,*** die nach dem Trocken eine geschlossene Schutzschicht bilden, sodass keine Feuchtigkeit und somit keine Fäulnispilze ins Holz eindringen können. Man kann aber farbige Lasuren mehrfach auftragen. Diese haben den Vorteil, dass sie ins Holz eindringen und nicht nur auf der Oberfläche eine Schutzschicht bilden. Vor allem wenn das Holz für den Gebrauch im Freien gedacht ist, besteht die Gefahr, dass die Lackschicht durch Frost und Hitze rissig wird und schnell verwittert. Lasuren sind für den Gebrauch von Möbeln im Freien also deutlich sinnvoller.

Im geschlossenen Innenbereich sind Lackfarben sehr lange haltbar. Allerdings ist hier unbedingt auf die gesundheitliche Unbedenklichkeit der Farben zu achten. Wenn die Lacke giftige Stoffe und Lösungsmittel enthalten, werden diese auch an die Raumluft abgegeben und eingeatmet, was nicht ungefährlich ist.

Die Holzschutzlasuren und Lacke sollten gesundheitlich unbedenklich sein und das Zeichen des sogenannten „Blauen Engel" tragen. Lasuren und Lackfarben enthalten Lösemittel, Bindemittel, Farbpigmente und verschiedene Zusatzstoffe zur Konservierung oder Beschleunigung des Trocknens. Einige dieser Stoffe sind umwelt- und gesundheitsschädlich. Farben, die mit dem „Blauen Engel" ausgezeichnet sind, haben im Gegensatz zu anderen Lacken einen höheren Wassergehalt und sind wasserverdünnbar. Sie enthalten weniger umwelt- und gesundheitsschädliche Stoffe.

Lassen Sie sich am besten von einem Fachmann beraten, bevor Sie gesundheitsschädliche Farben kaufen.

Verbrauchsmaterialien:

Davon sollten Sie immer genügend verfügbar haben: Schrauben in verschiedenen Größen, Schraubwinkel, Draht- und Stahlnägel in verschiedenen Größen, Schleifpapier zum Handschleifen oder für Schleifmaschine und Elektrofeile, Pinselreiniger oder Universalverdünnung und Holzleim.

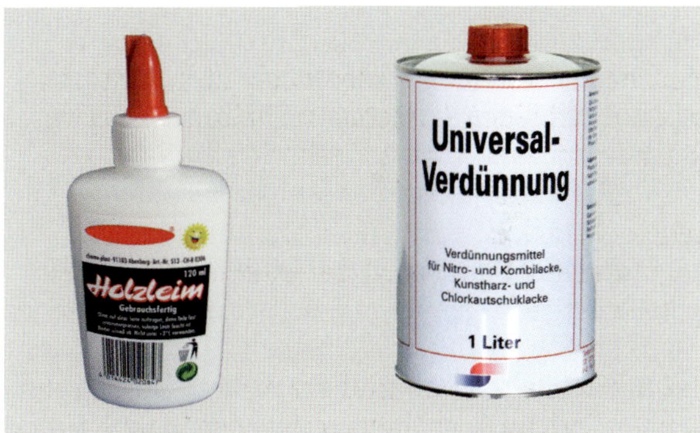

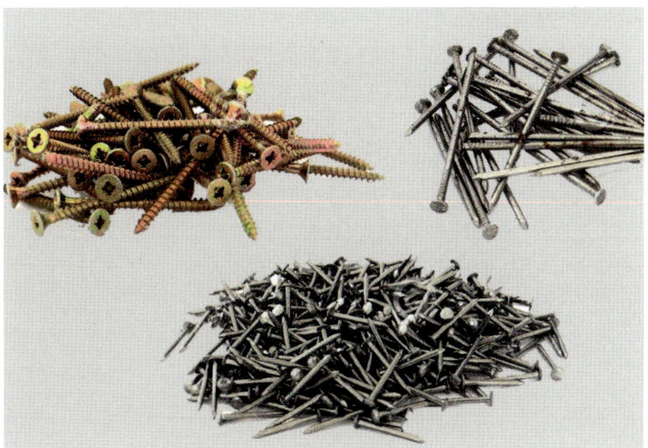

Sicherheit geht vor!

Verletzungsgefahren
Bei allem, was Sie tun, sollten Sie auf Ihre Gesundheit achten. Der Umgang mit Werkzeugen, besonders mit elektrischen Werkzeugen, ist nicht ganz ungefährlich. Das Gleiche gilt auch für chemische Reinigungsmittel wie Nitroverdünnung und Pinselreiniger und auch für Farben und Lacke.

Beachten Sie auf jeden Fall folgende Hinweise:

- ***Tragen Sie beim Sägen und Schleifen der Palettenteile immer eine Augenschutzbrille.***

- ***Tragen Sie einen Gehörschutz bei allen Arbeiten mit Geräten, die starken Lärm machen, wie z. B. Handkreissägen, Stichsägen, Winkelschleifer, Schleifmaschinen usw.***

- ***Achten Sie darauf, dass Sie Ihre Hände bzw. Finger beim Sägen mit der Handkreis- oder Stichsäge nicht in die Nähe des Sägeblattes bringen.***

- ***Tragen Sie beim Sägen und Schleifen sowie beim Umgang mit Farben und chemischen Reinigungsmitteln einen Mundschutz gegen Staub und giftige Stoffe in der Atemluft.***

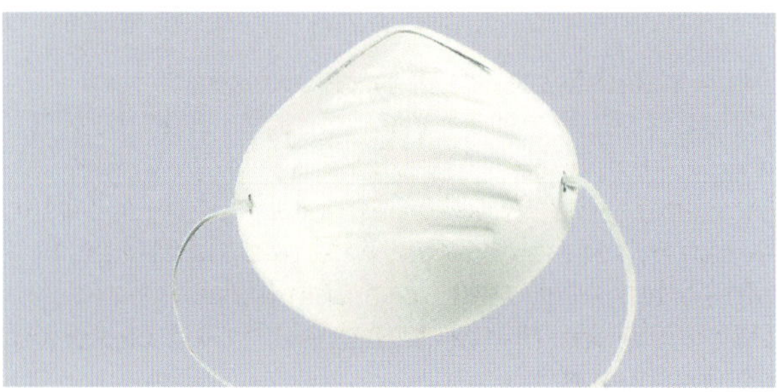

- ***Legen Sie vor dem Arbeiten mit Hand- oder Elektrowerkzeugen immer Armbanduhr, Ringe und sonstigen Schmuck ab. Die Werkzeuge oder Holzteile können daran hängenbleiben oder sich darin verfangen. Dies hat schon manchen unvorsichtigen Handwerker Gliedmaßen gekostet oder zu anderen schweren Verletzungen geführt.***

- ***Tragen Sie beim Arbeiten immer anliegende Kleidung. Am besten einen Arbeitsanzug oder Overall und auch Sicherheitsschuhe. Tragen Sie keine weiten Hemden, Blusen oder Jacken, die sich leicht in den Werkzeugen verfangen können.***

- ***Auch Lederschutzhandschuhe beim Umgang mit schweren und ungeschliffenen Materialien schützen vor Verletzungen durch leichte Quetschungen oder durch spitze Holzsplitter.***

- ***Gummihandschuhe beim Anstrich und beim Pinselreinigen schützen Ihre Hände vor Hautreizungen und Verätzungen.***

Achten Sie auf Sicherheit und Standfestigkeit!

Achten Sie darauf, dass Ihre Möbel standfest und sicher sind. Alle Teile Ihrer Möbel müssen tragfähig und stabil konstruiert sein, sodass sie eine gute Standfestigkeit haben, nicht so leicht umfallen und keine Teile herabfallen können. Achten Sie auch darauf, dass die Möbel ordentlich verarbeitet sind, also keine spitzen Holzsplitter, Schrauben oder Nägel hervorstehen und auch keine scharfen Kanten zu Schnittverletzungen führen können.

Materialvorbereitung

Paletten auseinandernehmen, um die Einzelteile zu gewinnen
Das Auseinandernehmen von Paletten scheint auf den ersten Blick schwierig. Da diese nicht verschraubt, sondern mit gerillten Spezialnägeln zusammengenagelt sind, ist es auch nicht ganz so einfach. Doch mit dem richtigen Werkzeug und einem kräftigen Frühstück ist die Sache gar nicht so schwer. Ein scharfer Meißel und ein kräftiger Hammer sind hierbei unverzichtbar. Wenn es gar nicht anders geht, dann helfen auch Brecheisen oder Metallkeile, die man mit einem Vorschlaghammer zwischen die Holzteile treibt. Doch sollten Sie die Kraft gemäßigt einsetzen, damit die Holzteile nicht zerbrechen.

Wenn es gut geht und die Palette noch nicht sehr alt ist, lassen sich die Bretter samt Nägeln aus der Palette lösen. Wenn sich die Nägel schwer lösen lassen, versucht man mit Hammer und Meißel einen Zwischenraum zu öffnen und die Nägel zum Teil freizulegen. Dann können Sie die Nägel mit einer Eisensäge oder dem Winkelschleifer durchtrennen.

Die Nägel müssen aber danach sorgfältig entfernt oder mit dem Winkelschleifer glatt abgeschliffen werden. Bei alledem ist Vorsicht geboten – die Verletzungsgefahr ist nicht unerheblich.

Palettenteile zuschneiden
Damit Sie Fehler beim Zuschnitt Ihrer Holzteile vermeiden, ist es wichtig, dass Sie sich die Maße für Ihre Bauteile direkt auf dem Holz aufzeichnen. Die Maße sind mit wenigen Handgriffen, Metermaß (Zollstock), Bleistift und einer geraden Leiste oder dem Zimmermannswinkel aufgezeichnet, und so sieht man immer eine Linie, an der man entlang sägen kann.

Vorsicht beim Zuschneiden:
Paletten werden mit starken Nägeln zusammengenagelt. Aufpassen, dass Sie nicht mit dem Sägeblatt in einen Nagel sägen. Das bekommt den Sägeblättern meist nicht gut. Darüber hinaus besteht erhöhte Verletzungsgefahr, wenn Sie in einen Nagel sägen, da zumindest Handkreissägen und Stichsägen dies mit einem starken Rückschlag quittieren und Ihre Finger unter Umständen etwas abbekommen könnten.

Löcher und Risse im Holz reparieren
Kleinere Löcher und Risse kann man mit Holzkitt ausbessern. Hierzu wird der Holzkitt (den gibt es im Heimwerker-Markt) mit einem Feuerzeug leicht erwärmt, sodass er weich wird und sich leicht in die Löcher schmieren lässt. Den überflüssigen Kitt mit einem Messer sauber entfernen und dann glattschleifen.

Das Schleifen

Vor dem Zusammenbauen sollten alle Teile soweit mit Schmirgelpapier bzw. mit dem Deltaschleifer oder der elektrischen Feile geschliffen sein, dass sie schön glatt und splitterfrei sind. Nach dem Zusammenbau ist das Schleifen sehr viel schwieriger. Für glatte Flächen ist das Flächenschleifgerät am besten geeignet. Kleinere Teile, Ecken und Kanten schleift man am besten mit der Elektrofeile oder dem Deltaschleifer (siehe Werkzeuge auf Seiten 6–7).

Mit der Elektrofeile kommt man gut bis in die Ecken und kann sehr schnell die Ecken und Kanten abrunden. Doch Vorsicht: Mit diesem Werkzeug hat man schnell auch etwas zu viel weggeschliffen.

Mit dem Deltaschleifer kommt man auch gut in die Ecken. Für größere glatte Flächen ist der Hand-Flächenschleifer das richtige Gerät.

Der Anstrich

Bevor Sie alle Teile zusammenbauen, empfiehlt es sich, diesen den **Grundanstrich** zu geben, damit die Grundlasur auch überall hinkommt. ***Der farblose Grundanstrich ist wichtig für den Schutz des Holzes (siehe Holzschutzfarben, Seite 11).***

Den **Schlussanstrich** macht man besser erst nach dem Zusammenbauen, da dieser bei der Montage meist einige Kratzer abbekommt, was die Optik nicht gerade verbessert. Schwer zu erreichende Stellen und Innenseiten sollten jedoch schon vor der Montage ihren Endanstrich erhalten.

Es ist ratsam, sich vor dem Schlussanstrich einige **Farbmuster** auf übrigen Palettenbrettern vorzustreichen und diese trocknen zu lassen. So kann man sehen, wie die ausgewählte Farbe nach dem Trocknen wirkt und erlebt keine Überraschung, wenn die Farbe am fertigen Werkstück getrocknet ist und anders aussieht als gedacht.

Das Vorstreichen von Farbmustern hilft auch bei der Grundsatzentscheidung darüber, welchen Farbton man verwenden möchte. Beachten Sie auch die Hinweise auf Seite 11.

Für den Anstrich sollte man eine kleine Auswahl von verschiedenen Pinseln verfügbar haben. Von kleinen und schmalen bis zu dicken und breiten Pinseln können alle gebraucht werden. Die Farbe sollte überall gleichmäßig aufgetragen werden. Überschüssige Farbe sollten Sie sofort abstreichen, damit sich keine „Laufnasen" bilden.

Hinweis: Auch wenn Sie den Palettenmöbeln einen wetterfesten Anstrich geben, so sind sie nicht dauerhaft gegen Regen und Frost geschützt. Sie sollten sie nicht längere Zeit ungeschützt im Freien lassen. Es empfiehlt sich eine Folienabdeckung für Regentage und ein trockener und frostfreier Unterstand für den Winter.

EUR

Couchtische

Couchtisch Nr. 1 – der Schmale

Für den Einstieg in den Möbelbau aus Paletten ist dieser einfache Couchtisch eine wunderbare Übung und nicht sehr schwierig zu bauen.

Besonders bei Familien mit kleinen Kindern ist diese Art Tisch auch sehr beliebt, da selbst Kleinkinder im Krabbelalter schon den Tisch „benutzen" können, weil dieser nur etwa 30 cm hoch ist und auch die Kleinsten schon auf ihm spielen und ihn mit viel Vergnügen mit einem Handstreich abräumen können. Die Krabbelkinder können sich auch an ihm hochziehen und so das Stehen und Laufen lernen.

Doch auch Erwachsene lieben diesen schicken schmalen Tisch, der nicht sehr viel Platz benötigt und auch schon mal als Fußbank bei einem gemütlichen Fernsehabend genutzt werden kann.

Je nach Geschmack und Einrichtung der Wohnung kann der Tisch individuell gestaltet werden. Wer es rustikal mag, der belässt den Tisch entweder in seiner Naturfarbe, schleift nur mit grobem Schleifpapier und versieht ihn dann mit einer farblosen Grundschutzlasur. Man sollte ihn aber nach dem Grundanstrich noch mit einer weiteren Holzschutzfarbe oder Endlasur streichen. Ob dunkelbraun, kiefernhell, weiß oder in einem anderen Farbton bleibt Ihnen überlassen.

Wer es lieber schick mag, der schleift die Paletten gründlich glatt, streicht den Tisch mit einer Lackfarbe, lässt sich vielleicht noch eine Glasplatte mit geschliffenen Kanten und abgerundeten Ecken im Glasfachgeschäft zuschneiden und legt diese auf den Couchtisch (siehe auch Couchtisch Nr. 2).

Wem der schmale Tisch zu niedrig ist, der kann problemlos eine weitere Palette draufpacken oder den Tisch mit zusätzlichen Fußrollen versehen (wie bei Couchtisch Nr. 2). Möbel-Fußrollen sind praktisch, denn wenn der „Reinigungsdienst" anrückt, muss der nicht eben leichte Tisch auch mal bewegt werden, und mit den Rollen ist dies ein Leichtes. Am besten Fußrollen mit Feststellbremse kaufen, damit der Tisch sich nicht selbstständig machen kann.

Die Materialbeschaffung und Vorbereitung:
Auf Seite 19 sehen Sie die Materialliste mit den Materialien, die Sie für Couchtisch Nr. 1 benötigen. Das ist nicht sehr viel und schnell beschafft.

Zunächst schneiden Sie sich das Teil 1 aus einer Euro-Palette (siehe Abb. rechts) auf die Maße 120 x 49 x 14,5 cm zurecht und schleifen dieses glatt. Dann entfernen (lösen) Sie die Fußbretter und die mittleren Fußklötze von der Palette.

Im nächsten Schritt lösen Sie aus der zweiten Euro-Palette eines der oberen Bretter und sägen daraus zwei schmale Latten mit 120 x 4 x 2,2 cm. Damit werden später die Lücken zwischen den Brettern der Oberseite geschlossen.

Dann lösen Sie mithilfe eines scharfen Meißels und einem dicken Hammer (ggf. auch einem Brecheisen) von der zweiten Palette vier Fußklötze und schleifen sie ebenfalls.

Falls Sie jedoch keine doppelten Fußklötze unter den Tisch setzen möchten, sondern Möbel-Fußrollen anbringen wollen, so erübrigt sich diese Arbeit. Zur Beschaffung von Möbel-Fußrollen siehe Couchtisch Nr. 2 auf Seite 22.

Zur Beschaffung der Holzschutzlasuren und der Farben beachten Sie die Hinweise auf Seite 11.

Materialliste:

- 2 Euro-Paletten (120 x 80 x 14,5 cm)
- 2 schmale Latten (120 x 4 cm)
- 4 Palettenfußklötze oder 4 Rollen
- 4 Filz- oder Gummischeiben ca. 60 x 60 x 10 mm (falls Rollen unter die Füße gesetzt werden, erübrigen sich die Filzscheiben)
- 0,5 Liter Holzschutzlasur als Grundanstrich (farblos oder kiefernhell)
- 0,5 Liter Holzschutzfarbe (Farbe je nach eigenen Vorstellungen)

Verbrauchsmaterialien: Siehe Einleitung

Bauteile für Couchtisch Nr. 1

Teil 1: Eine Euro-Palette 120 x 49 x 14,5cm

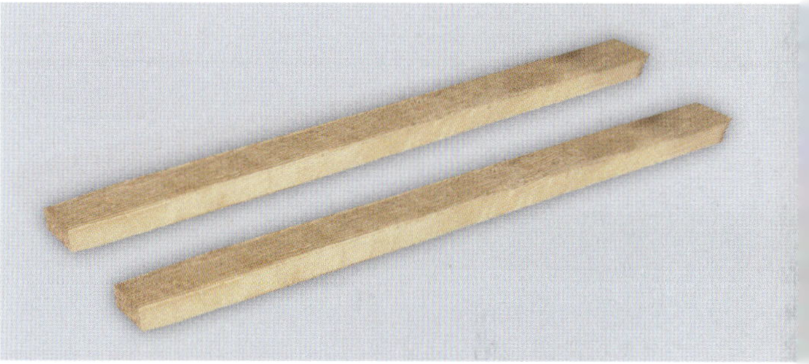

Teile 2 und 3: Zwei Latten 120 x 4,0 x 2,2 cm

Teile 4 und 7: Vier Fußklötze je 14,5 x 10 x 10 cm

Die Teile 2 und 3 werden mit dem Teil 1 zusammengeführt und verschraubt.

So sieht die Tischplatte dann von oben aus.

Die vier Fußklötze werden mit den Fußklötzen von Teil 1 verleimt. Danach klebt man die Filz- oder Gummischeiben auf die Unterseite der Fußklötze.

Montage von Couchtisch Nr. 1

Wenn Sie alle Teile vorbereitet haben, können Sie mit dem Zusammenbau beginnen:

Zuerst werden die Teile 2 und 3 mit dem Teil 1 zusammengefügt, das heißt, die schmalen Latten werden in die Zwischenräume der oberen Bretter von Teil 1 eingebracht und verschraubt. Die Schrauben müssen nicht sehr lang sein; da die Latten nur 22 mm stark sind, genügen 35 mm lange Schrauben.

Danach werden die vier zusätzlichen Fußklötze mit den Fußklötzen von Teil 1 verleimt. Dazu dreht man Teil 1 mit der Oberseite nach unten, bringt genügend Holzleim auf beide zu verleimende Flächen der Fußklötze und drückt sie fest aufeinander. Am besten legt man einen schweren Stein darauf, um die beiden Klebeflächen unter Druck zu halten, oder man presst sie mit Schraubzwingen zusammen, falls man welche zur Hand hat. Die Klötze sollten 48 Stunden so aufeinandergepresst bleiben – erst dann ist der Holzleim getrocknet und fest.

Danach kleben Sie die Filz- oder Gummischeiben mit einem Universalkleber auf die Unterseite der Fußklötze. Drücken Sie die beiden Klebeflächen wieder fest an. In diesem Fall sollte man die Filz- oder Gummischeiben mit einem kleinen Brett und einem Hammer fest anklopfen und eine Stunde trocknen lassen. Zum Schluss nehmen Sie den Anstrich wie in der Einleitung beschrieben vor und dann ist Ihr Couchtisch fertig.

Couchtisch Nr. 2 – der Schicke

Auch dieser Couchtisch kann sich wirklich sehen lassen. Im Bild oben in schicker weißer Lackierung mit Glasplatte und Rollen fügt er sich nahtlos in jede moderne Designer-Wohnung ein.

Doch auch in eher nostalgisch rustikalen Wohnungen macht er ein gute Figur. Wer es also lieber rustikal mag, der belässt den Tisch in seiner Naturfarbe, schleift nur mit grobem Schleifpapier, versieht ihn mit einer farblosen Grundschutzlasur und anschließend mit einer beliebigen Endfarblasur. Man sollte ihn aber immer auch mit einer Endlasur versehen. Das schützt die Oberflächen des Holzes, und man kann ihn auch mal feucht abwischen, ohne dass das Holz Schaden nimmt.

Dieser Couchtisch hat die Standardmaße einer Euro-Palette von 120 x 80 cm und eine Höhe von rund 40 cm. Die Höhe hängt von der Höhe der Rollen ab, die man darunter setzt. Für diesen Tisch sind Möbel-Fußrollen sehr zu empfehlen, da er mit der Glasplatte ein Gesamtgewicht von über 50 kg erreicht und man ihn mit Rollen leicht bewegen kann. Auch hier sollte man zwei der vier Rollen mit Feststellbremse kaufen.

Dieser Tisch ist noch einfacher zu bauen als Couchtisch Nr. 1. Bevor wir uns aber an die Arbeit machen, müssen wir natürlich zunächst einmal unsere Materialien besorgen. Die Materialliste (siehe Seite 23) ist auch recht überschaubar.

Bauteile für Couchtisch Nr. 2

Teile 1 und 2: Zwei Euro-Paletten 120 x 80 x 14,5 cm

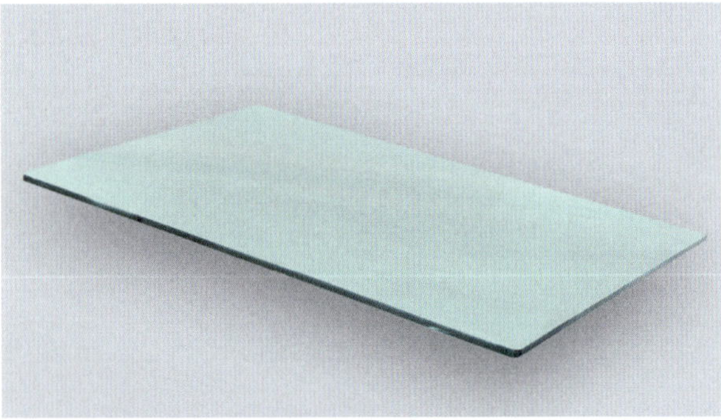

Teil 3: Glasplatte 120 x 80 x 0,8 cm

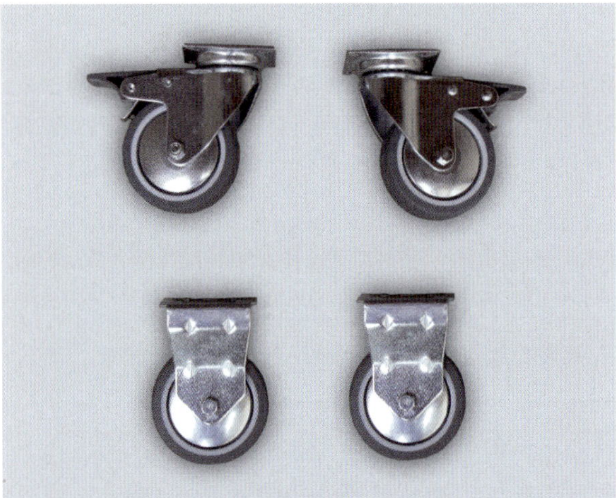

Teile 4 bis 7: Vier Fußrollen (mindestens zwei davon drehbar mit Feststellbremse)

Materialbeschaffung und Vorbereitung:
Beim Couchtisch Nr. 2 ist die Materialbeschaffung und Vorbereitung noch einfacher als bei Nr. 1, da hier zwei ganze Euro-Paletten verwenden werden und keine Holzteile aus einer anderen Palette herausgelöst und auch nichts zugeschnitten werden muss (siehe Materialliste auf der nächsten Seite). Nur das Schleifen, Glätten und – falls nötig – Ausbessern ist etwas mehr Arbeit.

Die **Möbel-Fußrollen** müssen stabil und belastbar sein. Der Tisch mit der Glasplatte hat ein Gewicht von rund 55 kg. Damit die Rollen nicht zusammenbrechen, wenn sich vielleicht mal jemand daraufsetzt, ist die Tragkraft von 50 kg je Rolle das Mindeste, was Sie brauchen. Es müssen mindestens zwei der vier Rollen mit einer Feststellbremse versehen und drehbar sein, damit der Tisch problemlos gelenkt und auch festgestellt werden kann. Besser sind vier bewegliche Rollen mit Feststellbremse. Lassen Sie sich im Fachhandel beraten. Je nachdem, wo Sie den Tisch einsetzen wollen, empfehlen sich Gummirollen, damit beispielsweise Ihr Parkettboden keinen Schaden nimmt. Metall- oder Hartkunststoff-Rollen würden im Parkett unschöne Spuren hinterlassen.

Die **Glasplatte** (120 x 80 x 0,8 cm) für den Tisch kann man sich im Glasfachhandel zuschneiden lassen oder bei einem Fachhändler übers Internet bestellen. Die Kanten müssen allseitig glatt geschliffen und die Ecken abgerundet werden, damit die Verletzungsgefahr minimiert wird. Empfehlenswert ist Einscheiben-Sicherheitsglas (ESG). Dieses ist gehärtet und erheblich stabiler als Einfachglas und wesentlich belastbarer. Im Bruchfall zerfällt ESG in kleine Glaskrümel, sodass die Verletzungsgefahr deutlich reduziert wird.

Alternativen zur Glasplatte sind Marmor- oder Granitplatten, die man ebenfalls beim Fachhändler oder übers Internet beziehen kann. Diese sollten eine Stärke von mindestens 2 cm haben, damit sie eine gewisse Bruchfestigkeit und Belastbarkeit besitzen.

Zur Beschaffung der Holzschutzlasur und der Holzfarbe beachten Sie die Hinweise auf Seite 11.

Materialliste:

- 2 Euro-Paletten (120 x 80 x 14,4 cm)
- 4 Möbel-Fußrollen mit einer Belastbarkeit von je 50 kg (zwei davon mit Feststellbremse)
- 1 Glasplatte (120 x 80 x 0,8 cm) mit geschliffenen Kanten und abgerundeten Ecken
- 1 Liter Holzschutzlasur als Grundanstrich (farblos oder kiefernhell)
- 1 Liter Holzschutzfarbe (Farbe je nach eigenen Vorstellungen)
- 4 bis 6 transparente Gummischeiben oder Gumminoppen mit ca. 3 cm Durchmesser

Verbrauchsmaterialien: Siehe Einleitung

Die Möbel-Fußrollen (Teile 4 bis 7) werden unter die Fußklötze der unteren Palette (Teil 1) geschraubt.

Montage von Couchtisch Nr. 2

Wenn Sie alle Teile vorbereitet haben, können Sie mit dem Zusammenbau beginnen.

Das ist in diesem Fall sehr einfach und geht recht schnell. Am besten beginnen Sie mit der untersten Palette, legen diese mit den Füßen nach oben auf den Boden oder die Arbeitsböcke und schrauben die Möbel-Fußrollen fest. Immer paarweise – die beweglichen Lenkrollen mit Feststellbremse an einer Schmalseite und die feststehenden an der anderen Schmalseite. Im Prinzip wie beim Auto, vorne die lenkbaren Räder beieinander und hinten die feststehenden Räder. Noch besser ist es aber, wenn Sie sich einen „Allrad-Couchtisch" bauen, das heißt, Sie verwenden vier bewegliche Möbel-Fußrollen mit Feststellbremsen. Damit lässt sich der nicht gerade leichte Tisch gut bewegen.

Die obere Palette (Teil 2) wird mit der unteren Palette (Teil 1) verschraubt.

Danach stellen Sie die Palette auf ihre neuen Füße bzw. Rollen, setzen die zweite Euro-Palette darauf und verschrauben diese miteinander. Wo und wie Sie die Schrauben einbringen, ist relativ egal. Man sollte sie aber nicht gleich auf den ersten Blick sehen können. Ich habe die Paletten meist an der kurzen Seite schräg hinter den Paletten-Fußklötzen mit 40 oder 50 mm langen Schrauben verschraubt. Sie können auch 70 mm

lange Schrauben schräg in die Klötze drehen. Dazu müssen Sie aber Schraublöcher mit einem 3 mm starken Holzbohrer vorbohren, sonst können Sie die Schrauben nicht ganz in das Holz eindrehen. Wenn Sie die obere Palette mit der unteren verschraubt haben, können Sie den Endanstrich vornehmen. Egal ob in Weiß, in Kiefer oder naturhell, dieser Tisch hat mit jeder Farbe seinen eigenen Charme und eine tolle optische Wirkung.

Nachdem der Anstrich getrocknet ist, können Sie nun auch die Glasplatte darauflegen.

Achtung! Zwischen Tisch und Glasplatte sollten transparente Gummischeiben oder Gumminoppen als Polsterung geklebt werden, die das Abrutschen der Glasplatte verhindern.

Auch naturfarben wirkt der Tisch noch immer schick.

Sideboard

Das Sideboard

Ein ebenso zweckmäßiges, vielseitig verwendbares und dekoratives Möbel ist das Sideboard. Es gehört noch zu den einfach zu bauenden Möbelstücken. Hierzu ist nicht sehr viel handwerkliches Geschick und Können erforderlich. Es ist eher eine Fleißaufgabe, da die Menge der Teile, die vorzubereiten sind, doch schon deutlich größer ist als beim vorhergehenden Couchtisch.

Ich habe das Sideboard in zwei Varianten gebaut, die auf den ersten Blick kaum zu unterscheiden sind. Wenn Sie sich die beiden Fotos auf den Seiten 26 und 27 anschauen, so werden Sie den Unterschied vielleicht bemerken. Ich gehe später noch darauf ein und werde das Rätsel auflösen. Im Nachfolgenden wird die einfache Bauweise beschrieben.

Bauteile vorbereiten
Bevor wir uns aber an die Arbeit machen, müssen wir natürlich zuerst wieder unsere Materialien besorgen und die Bauteile vorbereiten. Zur Beschaffung der Holzschutzlasuren und der Farben beachten Sie die Hinweise auf Seite 11.

Materialliste:
- 3 Euro-Paletten (120 x 80 x 14,4 cm)
- 2 schmale Latten (120 x 4 cm)
- 4 Palettenfußklötze oder 4 Möbel-Fußrollen
- 6 Schubladen-Frontbretter (37 x 9,5 x 2,2 cm)
- 12 Schubladen-Seitenbretter (37 x 7,5 x 2,2 cm)
- 6 Schubladen-Rückenbretter (37 x 7,5 x 2,2 cm)
- 6 Schubladen-Bodenbretter (37 x 33 x 1,2 cm) aus Spanplatte
- 4 Filz- oder Gummischeiben ca. 60 x 60 x 10 mm
- 1,5 Liter Holzschutzlasur als Grundanstrich (farblos oder kiefernhell)
- 1,5 Liter Holzschutzfarbe (Farbe je nach eigenen Vorstellungen)

Verbrauchsmaterialien: Siehe Einleitung

Bauteile für das Sideboard

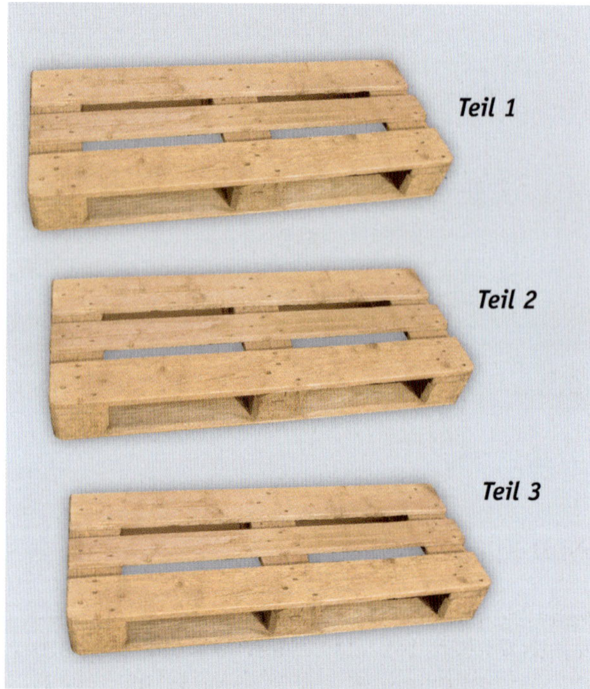

Teile 1 bis 3: Drei Palettenteile 120 x 49 x 14,5 cm

Teile 4 und 5: Zwei Latten 120 x 4 x 2,2 cm

Teile 6 bis 9: Vier Fußklötze je 14,5 x 10 x 10 cm

Die vier Fußklötze (Teile 6 bis 9)werden mit Teil 1 verleimt und vernagelt.

Montage des Sideboards

Wenn Sie nun alle Teile für den Korpus des Sideboards vorbereitet, also zugeschnitten, geschliffen und mit dem Grundanstrich versehen haben, können Sie mit der Montage der Teile zu einem Ganzen beginnen. Das Sideboard besteht aus zwei Hauptteilen und den sechs Schubladen.

Erstes Hauptteil

Zunächst werden die vier zusätzlichen Fußklötze (Teile 6 bis 9) mit der Unterseite von Teil 1 verleimt und vernagelt. Dazu bringt man reichlich Holzleim auf die zu verleimenden Flächen der Fußklötze, stellt Teil 1 oben drauf, richtet die Fußklötze an den vier Ecken aus und fixiert diese zusätzlich durch mehrere 40 mm lange Stahlnägel. Dann muss das erste Hauptteil ein bis zwei Tage ruhig stehen, damit der Holzleim aushärten kann. Man könnte statt der Stahlnägel auch Schrauben verwenden, doch da diese teilweise im Frontbereich des Sideboards angebracht werden müssten, sind Stahlnägel die optisch schönere Variante. Die Stahlnägel kann man mit einem Stahldorn und einem Hammer ins Holz versenken und das kleine verbleibende Loch mit Holzkitt verschließen. Danach werden auf die Unterseite der Fußklötze Scheiben aus Gummi, Filz oder Kork geklebt, damit Ihr Fußboden geschont wird. Somit ist das erste Hauptteil fertig.

Auf die Unterseite der Fußklötze werden Scheiben aus Gummi, Filz oder Kork geklebt, damit es keine Kratzer in den Fußboden gibt.

Das erste Hauptteil ist fertig.

Zweites Hauptteil
Die Montage des zweiten Hauptteils besteht darin, dass man die Zwischenräume der Oberbretter von Teil 3 (dem oberen Palettenteil) mit den zwei schmalen Latten (Teile 4 und 5) verschließt und diese mit 40 mm langen Stahlnägeln festnagelt. Auch hier kann man aus optischen Gründen die Nägel „verschwinden“ lassen, indem man sie mit einem Stahldorn und einem Hammer etwa 1-2 mm ins Holz versenkt und die kleinen Löcher mit Holzkitt verschließt. Danach setzt man Teil 3 auf Teil 2 und verschraubt oder vernagelt die beiden Teile.

Bevor man die Hauptteile zusammenbaut, sollte in diesem Falle schon der Endanstrich der Innenseiten der Teile vorgenommen werden, da man diese später nur noch schwer erreicht.

Die beiden Hauptteile zusammenfügen
Das zweite Hauptteil wird auf das erste Hauptteil gesetzt, beide Teile aufeinander ausgerichtet und dann miteinander durch Schrauben und/oder Nägel fest verbunden. Somit ist der Korpus des Sideboards fertig (Abb. unten).

Nun steht dem Endanstrich nichts mehr im Wege. Es bleibt Ihnen überlassen, welche Farbe Sie für den Endanstrich wählen. Beachten Sie aber die Hinweise zur Farbe auf Seite 11.

Zweites Hauptteil: Die Teile 4 und 5 werden mit dem Teil 3 zusammengeführt und mit Nägeln fixiert.

Teil 3 auf Teil 2 setzen und die beiden Teile verschrauben oder vernageln. Dann ist das zweite Hauptteil fertig.

Der fertige Korpus des Sideboards noch ohne Schubladen.

Schubladen für das Sideboard

Bauteile für sechs Schubladen

***Schubladen Teil 1:** 6 Frontbretter 37 x 9,5 x 2,2 cm mit einem Griffloch, Durchmesser 3 bis 4 cm*

***Schubladen Teil 2:** 12 Seitenbretter 37 x 7,5 x 2,2 cm*

***Schubladen Teil 3:** 6 Rückenbretter 37 x 7,5 x 2,2 cm*

***Schubladen Teil 4:** 6 Bodenbretter 37 x 33 x 1,2 cm*

Montage der Schubladen

In diesem Falle kann man auf Schrauben verzichten und 35 mm lange Stahlnägel verwenden. Diese haben den Vorteil, dass sie optisch kaum auffallen und schnell zum Ergebnis führen. Zunächst nagelt man die Seitenteile mit dem Bodenbrett zusammen. Danach wird das Front- und das Rückenbrett an das Bodenbrett genagelt. Statt ein Eingriffsloch ins Frontbrett zu bohren, kann man auch einen Holzgriff anschrauben.

Zwei fast gleiche Varianten

So sieht unser Sideboard nun aus – hier gleich in zwei Varianten. Auf Seite 28 hatte ich ja bereits geschrieben, dass ich das Sideboard in zwei verschiedenen Versionen gebaut habe. Das Bild unten zeigt die einfachere, etwas rustikale Version. Diese wurde mit gebrauchten Paletten gebaut, die auch einige Macken hatten. Der Anstrich wurde mit einer nussbaumfarbigen Lasur gemacht.

Die zweite Version, im Bild auf Seite 33, unterscheidet sich von der ersten nur dadurch, dass die Fußbretter der beiden oberen Palettenteile (Teile 2 und 3) entfernt wurden, wodurch dieses Sideboard weniger wuchtig wirkt. Dazu die sehr helle Naturholzfarbe von neuen Paletten, die sehr stark und sehr glatt geschliffen wurden. Der Anstrich erfolgte hierbei mit farbloser Lasur. Die beiden Beispiele mögen Ihnen zeigen, wie kleine Veränderungen die Optik beeinflussen können.

***Gestaltungsbeispiel Nr. 1:** Hier steht das rustikale braune Sideboard in einem Wintergarten.*

Gestaltungsbeispiel Nr. 2: Das helle Sideboard im neu gestalteten Wohnraum in einer früheren Scheune.

TV-Board

Das TV-Board

Eine ähnliche Variante zum vorangegangenen Sideboard ist das TV-Board. Dieses ist aber einer etwas anderen Nutzung angepasst. Es soll als dekoratives Möbelstück einen großen, modernen Flachbild-Fernseher tragen und darunter einen Video- oder DVD-Player aufnehmen können. Die Rückseite des Boards ist offen, damit die Verkabelung zwischen Fernseher und DVD-Player problemlos möglich ist. Damit das Board einen großen Bildschirm tragen kann und dennoch nicht zu wuchtig wirkt, ist es mit drei Palettenhöhen, also etwa 38 cm Höhe, relativ niedrig gehalten. Die farbliche Gestaltung bleibt Ihnen auch hierbei wieder selbst überlassen. Sie können diese ganz Ihrem persönlichen Geschmack und Ihrer Wohnungseinrichtung anpassen.

Untenstehend die Materialliste für das TV-Board. Nach der Beschaffung der Materialien geht es wieder ans Zuschneiden und Vorbereiten der Bauteile (siehe Hinweise zur Beschaffung in der Einleitung). Die Bauteile sind denen des Sideboards und des schmalen Couchtisches sehr ähnlich, aber doch mit kleinen Veränderungen.

Materialliste:

- 2 Euro-Paletten (120 x 80 x 14,5 cm)
- 4 schmale Latten (120 x 4 cm)
- 4 Paletten-Fußklötze oder 4 Möbel-Fußrollen
- 2 Schubladen-Frontbretter (37 x 9,5 x 2,2 cm)
- 4 Schubladen-Seitenbretter (37 x 7,5 x 2,2 cm)
- 2 Schubladen-Rückenbretter (37 x 7,5 x 2,2 cm)
- 2 Schubladen-Bodenbretter (37 x 33 x 1,2 cm) aus Spanplatte
- 4 Filz- oder Gummischeiben ca. 60 x 60 x 10 mm
- 1 Liter Holzschutzlasur als Grundanstrich (farblos oder kiefernhell)
- 1,5 Liter Holzschutzfarbe (Farbe je nach eigenen Vorstellungen)

Verbrauchsmaterialien: Siehe Einleitung

Bauteile für das TV-Board

Teile 1 und 2: Zwei Palettenteile 120 x 49 x 14,5 cm

Teile 3 bis 6: Vier Latten 120 x 4 x 2,2 cm

Teile 7 bis 10: Vier Fußklötze je 14,5 x 10 x 10 cm

Montage des TV-Boards

Wenn alle Teile für das TV-Board zugeschnitten, geschliffen und mit dem Grundanstrich versehen sind, können Sie diese zusammen montieren. Das TV-Board besteht aus zwei Hauptteilen und zwei Schubladen.

Erstes Hauptteil: Der Unterbau

Zunächst werden die vier Fußklötze (Teile 7 bis 10) mit der Unterseite von Teil 1 verleimt und vernagelt. Dazu bringt man reichlich Holzleim auf die zu verleimenden Flächen der Fußklötze, stellt Teil 1 oben drauf, richtet die Fußklötze an den vier Ecken aus und fixiert diese zusätzlich durch mehrere 40 mm lange Stahlnägel. Danach muss das erste Hauptteil zwei Tage ruhig stehen, damit der Holzleim aushärten kann. Man kann statt der Stahlnägel auch Schrauben verwenden, doch da diese teilweise im Sichtbereich des TV-Boards angebracht werden, sind Stahlnägel mit kleineren Köpfen die optisch schönere Variante. Außerdem kann man die Stahlnägel mit einem Stahldorn und einem Hammer ins Holz versenken und das kleine verbleibende Loch mit Holzkitt verschließen.

Danach werden auf die Unterseite der Fußklötze Scheiben aus Gummi, Filz oder Kork geklebt, damit ihr Fußboden geschont wird.

Im nächsten Arbeitsschritt werden die Latten, Teile 3 und 4, in die Zwischenräume der Palettenbretter auf der Oberseite gelegt und mit Stahlnägeln fixiert. Somit ist das erste Hauptteil fertig.

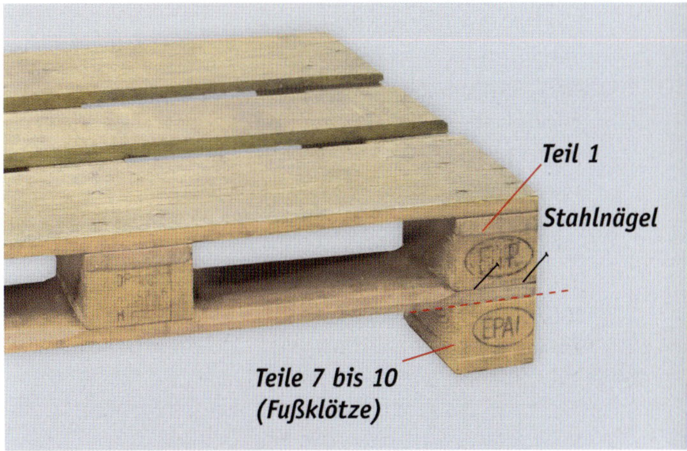

Die vier Fußklötze, Teile 7 bis 10, werden mit Teil 1 verleimt und vernagelt.

Auf die Unterseite der Fußklötze werden Scheiben aus Gummi, Filz oder Kork geklebt, damit es keine Kratzer in den Fußboden gibt.

Die Latten, Teile 3 und 4, werden in die Zwischenräume der Palettenbretter auf der Oberseite eingelegt und mit Stahlnägeln befestigt.

Das erste Hauptteil, der Unterbau, ist fertig.

Zweites Hauptteil: Oberteil
Die Montage des zweiten Hauptteils, dem Oberteil, beginnt damit, dass man die beiden Fußbretter und die mittleren Fußklötze von Teil 2 (dem oberen Palettenteil) entfernt.

Danach werden die Zwischenräume der Oberbretter von Teil 2 mit den zwei schmalen Latten (Teile 5 und 6) geschlossen und mit 40 mm langen Stahlnägeln befestigt. Der schöneren Optik wegen kann man die Nägel mit einem Stahldorn und einem Hammer etwa 1-2 mm ins Holz versenken und die kleinen Löcher mit Holzkitt verschließen. Auch die Nagellöcher der großen Palettennägel kann man mit Holzkitt verschließen, um eine glattere Oberfläche zu erhalten. Damit ist das zweite Hauptteil fertig.

Bevor man die beiden Hauptteile zusammenbaut, sollte der Endanstrich der Innenseiten vorgenommen werden, da man diese später nur noch sehr schwer mit dem Farbpinsel erreichen kann.

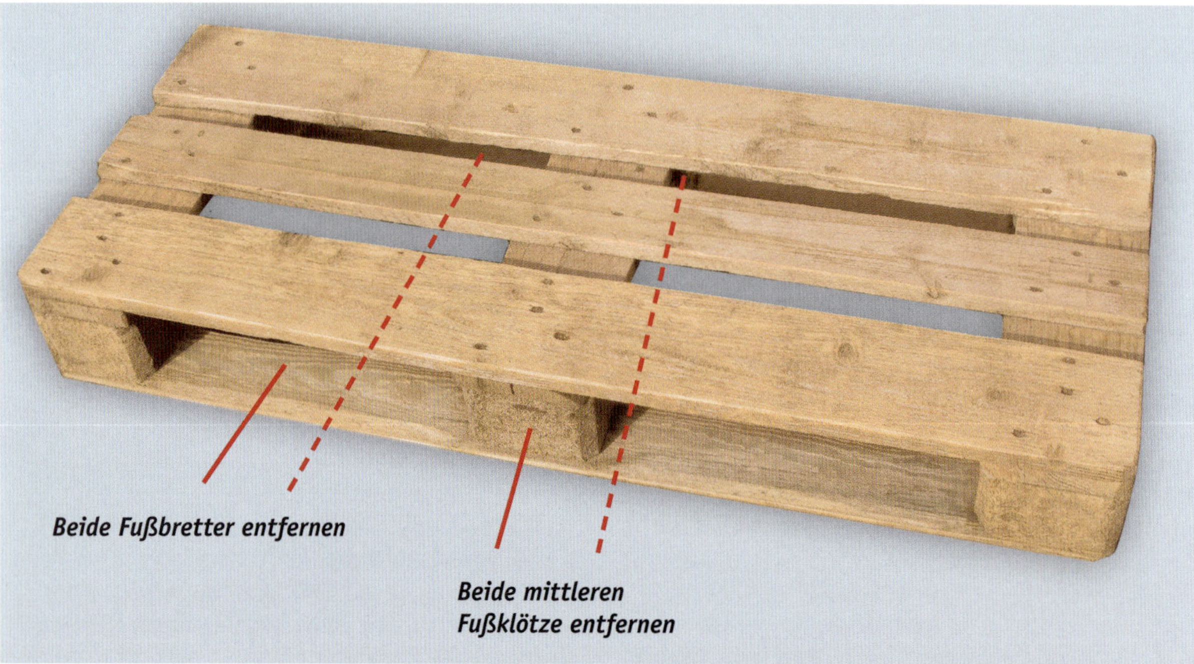

Zweites Hauptteil: Aus dem Teil 2 werden die Fußbretter und mittleren Fußklötze gelöst und entfernt.

Die Latten, Teile 5 und 6, werden in die Zwischenräume der Palettenbretter auf der Oberseite von Teil 2 eingelegt und mit Stahlnägeln befestigt.

Die beiden Hauptteile werden aufeinandergesetzt und mit Schrauben miteinander verbunden.

Die beiden Hauptteile zusammenführen

Das zweite Hauptteil wird auf das erste Hauptteil gesetzt, die beide Teile aufeinander ausgerichtet und dann miteinander durch 50 mm lange Schrauben und/oder Stahlnägel fest miteinander verbunden. Schrauben haben den Vorteil, dass man sie leichter mit dem Akku-Schrauber auch wieder lösen kann, falls mal etwas schiefgeht.

Die beiden Schubladen sind identisch mit den Schubladen des Sideboards (siehe Seite 31).

Nun steht dem Endanstrich nichts mehr im Wege. Es bleibt Ihnen überlassen, welche Farbe Sie für den Endanstrich wählen. Beachten Sie auch die Hinweise zur Farbe auf Seite 11.

Das fertige TV-Board mit einem kräftigen braunen Endanstrich.

Sitzbank

Die Sitzbank

Eine Sitzbank kann ein schöner Ort der Ruhe oder auch ein Kommunikationstreff sein. Sitzbänke besitzen eine magische Anziehungskraft. Egal wo man sie findet, sie laden immer zum Verweilen ein. Eine solche Sitzbank kann man mit Paletten in vielen Varianten bauen. Man kann hierbei sehr viel Aufwand betreiben oder auch mit wenigen Handgriffen ein einfaches Sitzmöbel bauen. In unserem Falle handelt es sich um eine Sitzbank, die noch relativ einfach zu bauen ist.

Unten finden Sie wie immer zuerst einmal die Materialliste. Nach der Beschaffung der Materialien geht es wieder ans Zuschneiden und Vorbereiten der Bauteile (siehe Hinweise zur Beschaffung in der Einleitung).

Die Bauteile werden Ihnen von den vorhergehenden Möbelstücken schon bekannt vorkommen. Paletten sind fast wie Teile aus einem Systembaukasten zu benutzen. Es ist verblüffend, was man alles daraus machen kann.

Materialliste:

- *4 Euro-Paletten (120 x 80 x 14,5 cm)*
- *2 schmale Latten (120 x 4 cm)*
- *3 Palettenfußklötze*
- *4 Möbelrollen, mindestens 2 davon beweglich mit Feststellbremsen (besser 4 bewegliche) mit 50 kg Tragkraft je Rolle*
- *2 Palettenbretter (120 x 10 x 2,2 cm)*
- *2 Schubladen-Frontbretter (37 x 9,5 x 2,2 cm)*
- *4 Schubladen-Seitenbretter (37 x 7,5 x 2,2 cm)*
- *2 Schubladen-Rückenbretter (37 x 7,5 x 2,2 cm)*
- *2 Schubladen-Bodenbretter (37 x 33 x 1,2 cm) aus Spanplatte*
- *2 Liter Holzschutzlasur als Grundanstrich (farblos oder kiefernhell)*
- *2 Liter Holzschutzfarbe (Farbe je nach eigenen Vorstellungen)*

Verbrauchsmaterialien: Siehe Einleitung

Bauteile für die Sitzbank

Teile 1 bis 3: Drei Palettenteile 120 x 49 x 14,5 cm

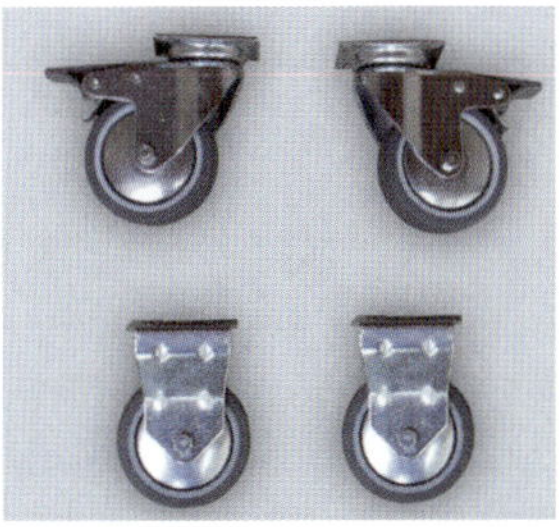

Teil 4 bis 7: Vier Möbel-Fußrollen (zwei davon mit Feststellbremse); Tragkraft je Rolle = 50 kg.

Teile 11 und 12: Zwei Palettenbretter 120 x 10 x 2,2 cm; diese kann man aus den abfallenden Palettenteilen vom Zuschnitt der Teile 1 bis 3 ablösen.

Teile 8 und 9: Zwei Latten 120 x 4 x 2,2 cm.

Teile 13 bis 15: Drei Fußklötze je 14,5 x 10 x 8 cm; diese kann man aus den abfallenden Palettenteilen vom Zuschnitt der Teile 1 bis 3 ablösen.

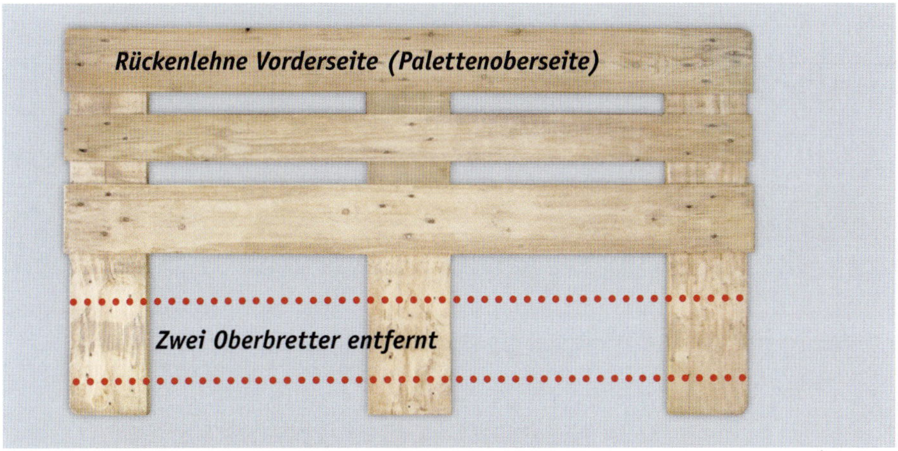

Teil 10: Rückenlehne = Euro-Palette 120 x 80 x 2,2 cm; auf der Vorderseite (Palettenoberseite) zwei Oberbretter entfernen; unteres Fußbrett und drei Fußklötze auf der Rückseite entfernen.

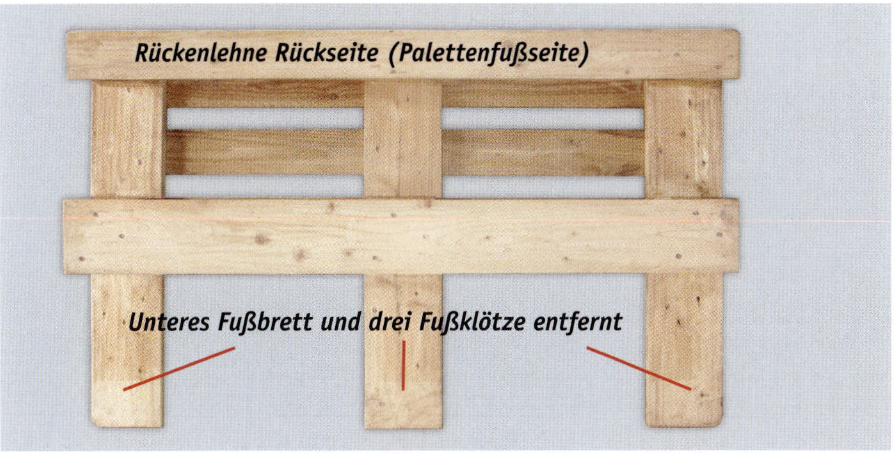

Teil 10: Rückenlehne = Euro-Palette 120 x 80 x 2,2 cm; auf der Rückseite (Palettenfußseite) ein Fußbrett und drei Fußklötze entfernen.

Die Sitzbank auf der Terrasse lädt zum gemütlichen Verweilen ein. Stauraum für Getränke und Lesestoff ist reichlich vorhanden. Im Bild eine etwas rustikalere Gestaltung mit farbloser Lasur gestrichen.

Montage der Sitzbank

Wenn alle Teile für die Sitzbank zugeschnitten, geschliffen und mit dem Grundanstrich versehen sind, können Sie diese zusammenmontieren. Die innenliegenden Teile sollten Sie schon vor dem Zusammenbauen der Teile mit dem Endanstrich versehen, da sie diese später nur noch schwer erreichen können.

Zunächst werden die Möbel-Fußrollen an den vier Ecken von Teil 1 auf der Unterseite festgeschraubt. Die Fußrollen werden etwa 3 cm von der jeweiligen Außenkante der Palette befestigt, damit man die Feststellbremse noch erreicht.

Wichtiger Hinweis: Leider habe ich erst im Nachhinein bemerkt, dass es besser gewesen wäre, vier drehbare Fußrollen mit Feststellbremsen zu montieren statt nur zwei. Die Sitzbank hat doch schon ordentlich Gewicht und lässt sich mit vier drehbaren Rollen leichter bewegen.

Danach werden die Teile 2 und 3 auf das Teil 1 gesetzt, ausgerichtet und miteinander verschraubt. Im Bild auf Seite 45 unten sieht man deutlich, dass sich auch die Euro-Paletten nicht immer genau an die Normmaße halten. Hier muss man die Paletten aufeinander ausrichten und ggf. mit der Elektrofeile noch etwas nacharbeiten, bevor man sie miteinander verschraubt.

Die Möbel-Fußrollen, Teile 4 bis 7, werden auf der Unterseite von Teil 1 festgeschraubt.

Teil 1 mit Möbel-Fußrollen (Teile 4 bis 7).

Teil 1 bis 3 mit Möbel-Fußrollen (Teile 4 bis 7).

An der Rückseite der Rückenlehne (Teil 10) werden die Fußklötze, Teile 13 bis 15, an der Unterseite des oberen Palettenfußes befestigt.

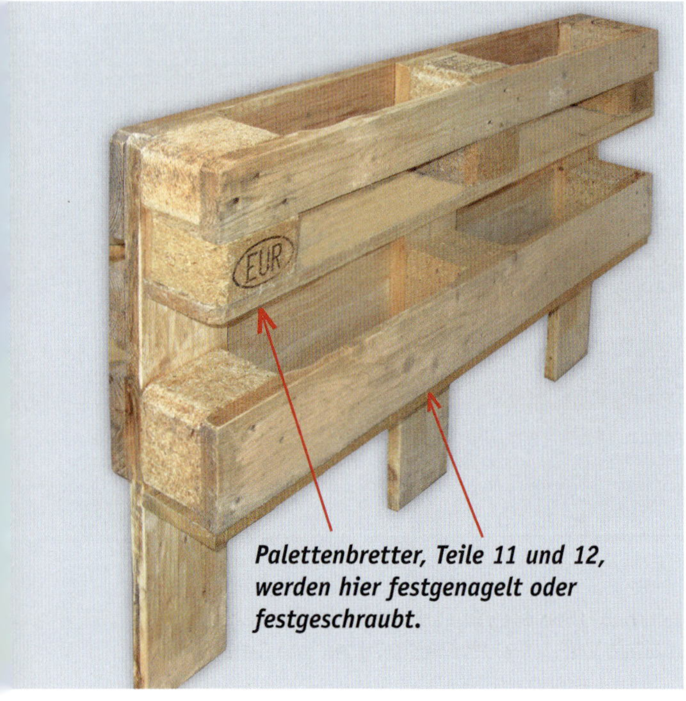

Im nächsten Montageschritt werden die Fußklötze an der Rückseite der Rückenlehne (Teil 10) unter der Unterseite des oberen Palettenfußes mit Holzleim, Stahlnägeln oder Schrauben befestigt. Der Grund dafür ist ein sehr wichtiger. Hier wird der Stauraum für Getränke und andere Utensilien geschaffen (siehe Abbildungen links oben und unten sowie Abb. Seite 44 oben).

Zur Fertigstellung der Rückenlehne mit vier Stauräumen werden nun noch die beiden Palettenbretter, Teile 11 und 12, von unten gegen die Palettenklötze geschraubt oder genagelt. Siehe hierzu auch die Abbildungen unten links und rechts.

Somit wäre nun die Rückenlehne fertig und kann nun an die Rückseite der Teile 2 und 3 geschraubt werden. Nach dem Endanstrich ist unsere Sitzbank dann gebrauchsfertig.

Die Verwendung von Sitzkissen oder Polstern macht die Bank noch bequemer. Im Internet finden Sie auch Lieferanten, bei denen Sie preiswert Möbelpolster aus Schaumstoff oder Sitzauflagen bestellen können.

Wenn Sie Schubladen verwenden möchten, so können Sie die Schubladen von Seite 31 oder 75 einsetzen.

Die beiden Palettenbretter, Teile 11 und 12, werden von unten gegen die Palettenklötze geschraubt oder genagelt.

Die Rückenlehne ist fertig und wird nun an die Rückseite der Teile 2 und 3 geschraubt. Hierfür sollten die Schrauben mindestens 40 mm lang sein.

Sitzbank nach vollendeter Montage mit weißen Schubladen. Man kann bis zu sechs Schubladen einsetzen.

Wenn Sie Ihre Sitzbank mit Schubladen bestücken möchten, so können Sie für den Schubladenbau die Anleitungen von Seite 31 oder 75 anwenden. Es steht Ihnen natürlich frei, eine eigene Ideen für die Schubladengestaltung umzusetzen.

Hier die Sitzbank mit weißem Anstrich und blau-weißen Sitzkissen. Diese Endgestaltung gibt der Bank eine maritime Wirkung. Mit mehreren Sitzbänken kann man auch eine Sitzgruppe gestalten.

Sitzkissen oder Polsterauflagen machen die Bank noch bequemer. Hier sind Ihrer Fantasie keine Grenzen gesetzt. Im Fachhandel oder im Internet finden Sie eine große Auswahl an Polsterauflagen und Sitzkissen.

Strandkorb

Der Strandkorb

Ebenso wie die Sitzbank ist auch der Strandkorb ein beschaulicher Ort der Ruhe. Doch auch er kann ein Kommunikationstreff sein. So verwundert es auch kaum, dass unser Strandkorb eine Weiterentwicklung der vorhergehenden Sitzbank ist und auf dieser bereits hergestellten Sitzbank aufbaut.

Ohne die Sitzbank gibt es keinen Strandkorb!
Die fertige Sitzbank ist sozusagen das erste Hauptteil des Strandkorbs, auf das alles Weitere aufbaut. Wir beginnen also mit dem Bau und der Beschreibung des Strandkorbs dort, wo die Sitzbank aufgehört hat. Wenn Ihnen die Sitzbank zu schwierig oder zu aufwendig war, so sollten Sie sich nicht an den Strandkorb wagen.

Die Materialliste unten setzt voraus, dass Sie die Sitzbank bereits fertig haben. Lediglich die Menge der Farbe geht davon aus, dass Sie noch alle Teile anstreichen müssen. Nach der Beschaffung der Materialien geht es wieder ans Zuschneiden, Schleifen und Vorbereiten der Bauteile (siehe Hinweise zur Beschaffung in der Einleitung).

Materialliste:

- 1 Euro-Palette (120 x 80 x 14,4 cm)
- 2 Palettendeckel (Deckbretter) aus Massivholzbrettern (120 x 80 x 2,2 cm)
- 2 Palettendeckel (Deckbretter) aus Pressspanplatten (120 x 80 x 2,2 cm)
- 2 Kanthölzer für Stützen (80 x 8 x 8 cm)
- 4 Metallschraubwinkel (verzinkt)
- 3 Liter Holzschutzlasur als Grundanstrich (farblos oder kiefernhell)
- 3 Liter Holzschutzfarbe (Farbe je nach eigenen Vorstellungen)
- Dekorationsmaterial, Polster und Sitzkissen nach Belieben

Verbrauchsmaterialien: Siehe Einleitung

Basis für den Strandkorb: Die Sitzbank

Erstes Hauptteil: Die Basis für den Strandkorb ist die fertige Sitzbank (siehe auch Seite 49). Darauf wird der Strandkorb aufgebaut.

Bauteile für den Strandkorb

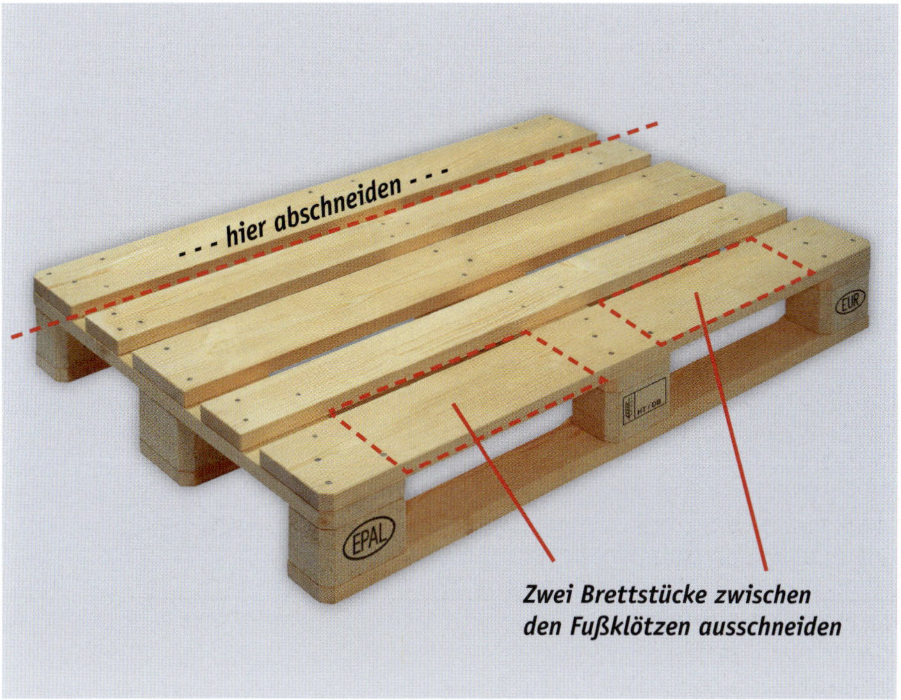

Der Rückenlehnenaufsatz, Teil 1, wird aus einer Euro-Palette 120 x 80 x 14,5 cm zugeschnitten.

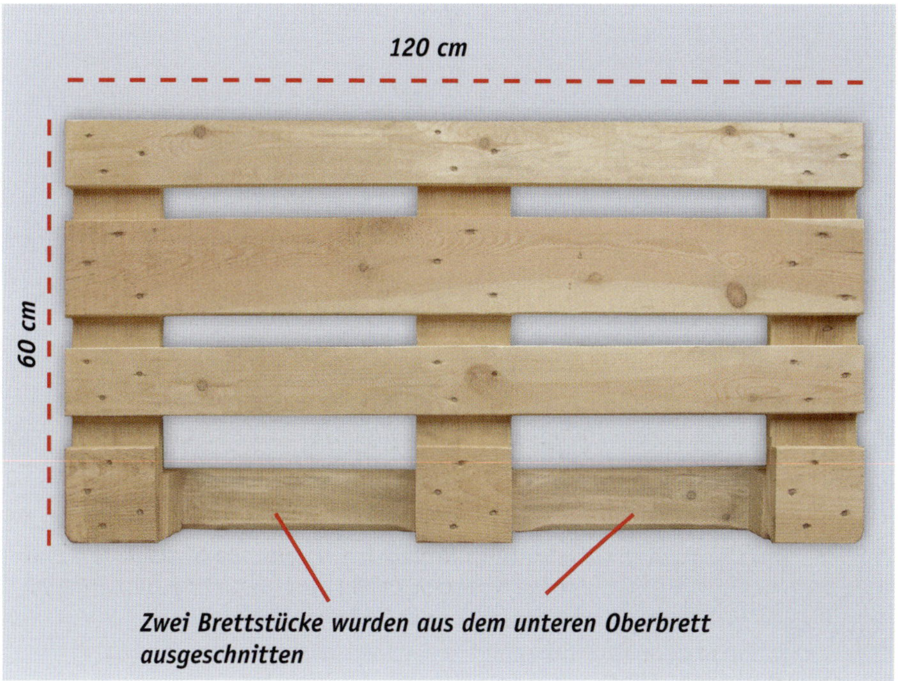

Der Rückenlehnenaufsatz, Teil 1: Zugeschnitten auf 120 x 60 x 14,5 cm; zwei Brettstücke zwischen den Fußklötzen wurden aus dem unteren Oberbrett ausgeschnitten, damit man später noch Zugriff zum Stauraum/Getränkelager hat.

Die Seitenteile, Teile 2 und 3, werden aus zwei Paletten-Deckeln bzw. Paletten-Deckbrettern (120 x 80 cm) aus Massivholz zugeschnitten. Diese sind auf einer Seite eben und auf der anderen Seite sind die einzelnen Längsbretter mit drei Querbrettern zusammengenagelt. Dieser Umstand ist beim Zuschneiden genau zu beachten, denn die glatten, ebenen Seiten der Bretter sollen jeweils die Innenseiten der Seitenteile bilden. Das bedeutet, dass die beiden Seitenteile nicht absolut gleich sein dürfen, sondern jeweils spiegelbildlich zueinander sein müssen. Siehe auch weitere Abbildungen des Zuschnitts.

Teile 1 und 2: Das ist die glatte Seite des Paletten-Deckbretts, also die spätere Innenseite eines Seitenteils; 120 x 80 cm.

Teile 1 und 2: Das ist die unebene Seite des Paletten-Deckbretts mit Querbrettern, die spätere Außenseite eines Seitenteils; 120 x 80 cm.

Vorsicht beim Zuschnitt der Seitenteile

Beim Zuschnitt der Seitenteile müssen Sie schräg durch die Paletten-Deckbretter sägen. Beim Aufzeichnen des Zuschnitts mit dem Bleistift sehen Sie bereits, an welchen Stellen die Schnittlinie auf Nägel trifft. Diese Nägel müssen entfernt werden, damit das Sägeblatt keinen Schaden nimmt.

Die Beschaffenheit der Massivholz-Palettendeckel ist nicht immer gleich. Da Sie beim Zuschnitt der Seitenteile auch einen Teil der Querbretter auf der Rückseite abschneiden, verlieren wahrscheinlich einige Längsbretter ihren Halt, sodass Sie das betreffende Querbrett lösen und um ein Stück versetzen müssen, um dann die Längsbretter wieder neu vernageln zu können (siehe Problemzone im blau gepunkteten Kreis im Bild).

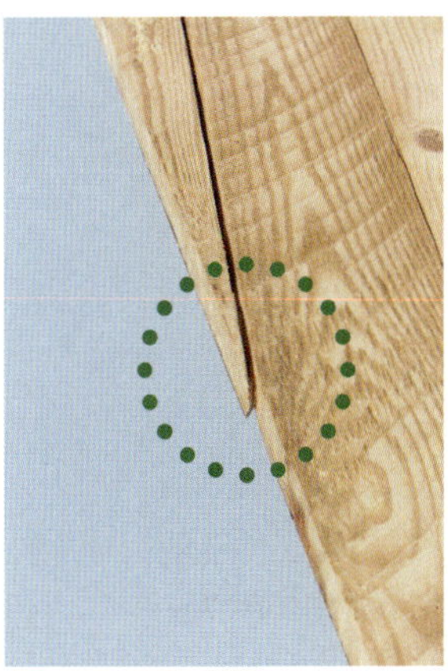

Eine weitere Problemzone beim Zuschnitt der schrägen Seitenteile sind die spitz zulaufenden Längsbretter in der Schräge, die am Ende möglicherweise keinen ausreichenden Halt mehr an einem Querbrett haben (siehe auch im Bild Mitte die grün gepunkteten Kreise). Hier muss man die spitzen Brettenden seitlich mit kurzen Stahlnägeln ins Nachbarbrett vernageln und/oder verleimen. Falls die Fugen zwischen den Brettern etwas breiter sind, sollte man diese mit dünnen Holzblättchen vorher füllen.

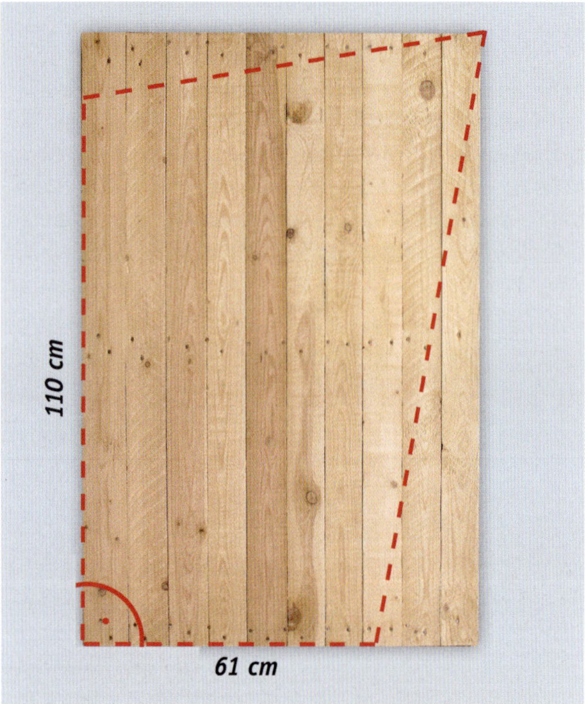

Teil 2: Aufriss für den Zuschnitt des rechten Seitenteils (innen die glatte Seite). Der rechte Winkel ist links unten.

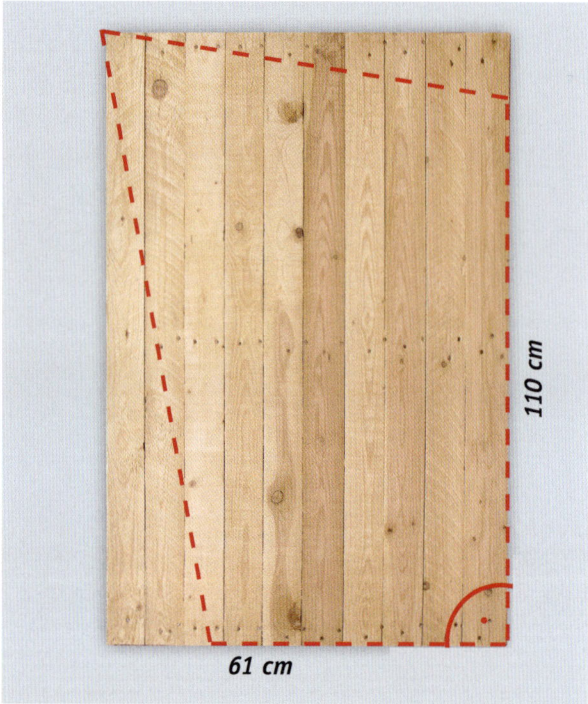

Teil 3: Aufriss für den Zuschnitt des linken Seitenteils (innen die glatte Seite). Der rechte Winkel ist rechts unten.

Teil 2: Fertiger Zuschnitt des rechten Seitenteils (innen die glatte Seite).

Teil 3: Fertiger Zuschnitt des linken Seitenteils (innen die glatte Seite).

***Teile 4 und 5:** Zwei Palettendeckel (Paletten-Deckbretter) aus Pressspanplatte (120 x 80 x 2,2 cm). Teil 4 als Dachplatte und Teil 5 als Rückwand.*

Die Verwendung von Spanplatten mag Ihnen vielleicht als Stilbruch erscheinen. Sie haben jedoch einige Vorteile gegenüber den Massivholz-Deckbrettern. Pressspanplatten sind preiswert zu beschaffen, müssen nicht mehr geschliffen werden und haben eine hohe Oberflächendichte, was den späteren Dachanstrich dichter und wetterbeständiger macht. Außerdem sieht man von den Spanplatten später nur noch die Dachunterseite, wenn man im Strandkorb sitzt, was der Gesamtoptik aber keinen Abbruch tut.

***Teile 6 und 7:** Stabilisierungsstützen, zwei Kanthölzer mit den Maßen 5 x 7 x 65 cm.*

Montage des Strandkorbs

Wenn alle Teile für den Strandkorb vorbereitet und mit dem Grundanstrich versehen sind, können Sie diese zusammenmontieren. Bei der Montage des Strandkorbs ist es gut, wenn man zu zweit ist, weil man die schweren Teile nicht allein festhalten und verschrauben kann. Andernfalls muss man sich mit Schraubzwingen zum Fixieren der Teile in der richtigen Position behelfen.

Zunächst wird der Rückenlehnenaufsatz (Teil 1) auf die Rückenlehne der Sitzbank aufgesetzt, ausgerichtet und von hinten verschraubt.

Danach werden die beiden Seitenteile (Teile 2 und 3) rechts und links seitlich ausgerichtet und mit Schrauben befestigt. Beim Ausrichten ist darauf zu achten, dass die Seitenteile nach hinten 1,5 cm über die Rückenlehne hinaus stehen, damit später die Rückwand (Teil 5) zwischen die beiden Seitenteile eingefügt werden kann. Auch oben stehen die beiden Seitenteile 1,5 cm über den Rückenlehnenaufsatz hinaus, damit sich später die Dachplatte glatt abschließend einfügt.

Im nächsten Schritt wird die Dachplatte (Teil 4) mit den vier Schraubwinkeln befestigt (siehe Abbildungen nächste Seite). Man kann statt der Metallschraubwinkel auch an die Seiten angeschraubte Holzlatten als Auflage für die Dachplatte verwenden. Ich habe mich aus optischen Gründen für die Metallwinkel entschieden, die nach dem Endanstrich kaum noch auffallen.

Der Rückenlehnenaufsatz (Teil 1) wird senkrecht auf die Rückenlehne gesetzt und von hinten verschraubt.

Der Seitenteile (Teile 2 und 3) werden seitlich in Position gebracht und mit 70 mm langen Schrauben mit der Rückenlehne und der Sitzfläche seitlich verschraubt. Die Schraublöcher muss man entsprechend vorbohren, damit man die langen Schrauben in das Holz eindrehen kann und die Bretter der Seitenteile nicht reißen.

Damit die Dachplatte (Teil 4) befestigt werden kann, befestigt man an den Seitenteilen je zwei Schraubwinkel, auf denen die Dachplatte ruht und mit diesen verschraubt wird.

Die Dachplatte (Teil 4) wird auf die Schraubwinkel gelegt und verschraubt. Damit die Dachplatte glatt aufliegt, wird die obere Kante des Rückenlehnenaufsatzes (Teil 1) mit der Elektrofeile nach hinten etwas abgeschrägt und der Schräglage der Dachplatte angepasst.

Im nächsten Schritt der Montage unseres Strandkorbs wird die Rückwand, Teil 5, an der Rückseite der Rückenlehne angebracht. Diese schließt an der Oberkante mit der Dachplatte ab und wird mit 40 mm langen Schrauben von hinten mit der Rückenlehne bzw. dem Rückenlehnenaufsatz verschraubt. Damit ist der Strandkorb fast fertig. Doch es ist noch etwas Wichtiges zu tun.

Wichtig: Stützen für die Standfestigkeit
Da der Strandkorb bautechnisch nun fast abgeschlossen ist, werden Sie feststellen, dass er sich trotz der Rollen nicht mehr so einfach bewegen lässt. Zum einen hat der Aufbau des Strandkorbs, den wir auf die vorhandene Sitzbank gesetzt haben, noch einmal rund 70 kg Gewicht mitgebracht und zum anderen hat sich durch den 1,80 Meter hohen Aufbau auch der Schwerpunkt verlagert. Die Fußrollen bieten nur eine kleine Standfläche, sodass der Strandkorb ohne weitere Stützen leicht nach hinten umfallen könnte.

Die Rückwand (Teil 5) wird von hinten mit der Rückenlehne verschraubt.

Dass der Strandkorb nicht umfällt, verhindern wir durch das Anbringen der beiden Stützen (Teile 6 und 7)auf der Rückseite des Strandkorbs. Die Stützen werden so angebracht, dass man sie beim Bewegen (Fahren) mit den Rollen einklappen kann, damit sie nicht stören. Wenn der Strandkorb an seinem Standort steht und benutzt werden soll, werden die Stützen wieder ausgeklappt.

Die Stützen (Teile 6 und 7) werden hinten mit der Rückenlehne verschraubt. Zunächst wird ein Schraubloch mit einem 8 mm-Holzbohrer im oberen Teil der Stützen mit rund 3 cm Abstand zu den Kanten vorgebohrt. Dann werden die Stützen mit einer 80 mm langen Schraube so fest angeschraubt, dass sich die Stütze gerade noch bewegen lässt.

Die Stützen werden beim Bewegen (Fahren) mit dem Strandkorb eingeklappt.

Dekoration des Strandkorbs

Nachdem alle Bauteile montiert sind, geht es an die Dekoration. Dazu zählt zunächst der Endanstrich, der sich natürlich der Gesamtgestaltung anpassen sollte und Ihrer eigenen Kreativität und Vorstellung überlassen bleibt.

Ich habe mich für eine klassische maritime Gestaltung in Blau und Weiß entschieden und den Strandkorb komplett weiß angestrichen.

Natürlich gehören auch die passenden Sitzkissen oder Polsterauflagen dazu. Sie finden hierzu auch interessante Informationen und Angebote im Internet, die Ihnen bei der Beschaffung helfen und Ihre Kreativität beflügeln können.

Passend zur maritimen Dekoration wurden hier blau-weiß gestreifte Sitzauflagen und ein passender Volant eingesetzt. Man kann auch mit bunten Badetüchern sehr schöne optische Effekte erzielen. Auf den Seiten 50 und 51 sehen Sie zwei Gestaltungsbeispiele, die Sie nach Belieben auch abändern können.

So sieht der fertige Strandkorb mit weißem Anstrich noch ohne Dekoration aus.

Diesen Volant aus Markisenstoff habe ich bei einem Internethandel bestellt und mittels einer einfachen weißen Gardinenstange mit zwei kleinen Haken als „Kopfschmuck" des Strandkorbs befestigt.

Sitzkissen und Polsterauflagen gibt es im Fachhandel und auch bei Internetshops in allen Varianten und Farben zu kaufen.

Jugendbett

Das Jugendbett

Das Jugendbett ist einfach und unkonventionell in Bauweise und Gestaltung und sehr preiswert in der Anschaffung. Doch es soll nicht nur jungen Leuten vorbehalten sein. Wenn es gefällt und bequem ist, kann sich jeder sein „Himmelbett" selbst bauen. Man sollte aber eine gute Matratze auf das Bett legen. Ihr Rücken und Ihre Wirbelsäule werden es Ihnen danken.

Das hier beschriebene Jugendbett wurde sehr stablil mit feststehenden Palettenfüßen gebaut. Statt der Palettenfüße könnten auch Möbelfußrollen darunter gesetzt werden, falls es öfter mal bewegt werden soll. Die farbliche Gestaltung und Dekoration können Sie auch in diesem Falle wieder ganz nach Ihren persönlichen Vorstellungen vornehmen.

Nach der Beschaffung der Materialien geht es wieder ans Zuschneiden, Schleifen und an den Grundanstrich der Bauteile (siehe auch Hinweise zur Beschaffung in der Einleitung).

Materialliste:

- 2 Euro-Paletten (120 x 80 x 14,5 cm) für Teile 1 und 2
- 1 Euro-Palette (120 x 80 x 14,5 cm) für Teile 3 bis 7
- 1 Palettendeckel (Deckbrett) für Teil 8 aus Massivholzbrettern (120 x 80 x 2,2 cm)
- 2 Liter Holzschutzlasur als Grundanstrich (farblos oder kiefernhell)
- 2 Liter Holzschutzfarbe (Farbe je nach eigenen Vorstellungen)
- Matratze (200 x 80 cm), Decken und Kissen nach Belieben

Verbrauchsmaterialien: Siehe Einleitung

Bauteile für das Jugendbett

Teile 1 und 2: Zwei Euro-Paletten 120 x 80 x 14,4 cm; eine weitere Euro-Palette wird benötigt, um weitere Teile daraus zu gewinnen.

Teile 3 und 4: Zwei gleiche Fußstützen, 120 cm lang, oben 14 cm breit, unten 10 cm breit, 14,5 cm hoch. Diese werden aus der dritten Euro-Palette abgelöst und zugeschnitten.

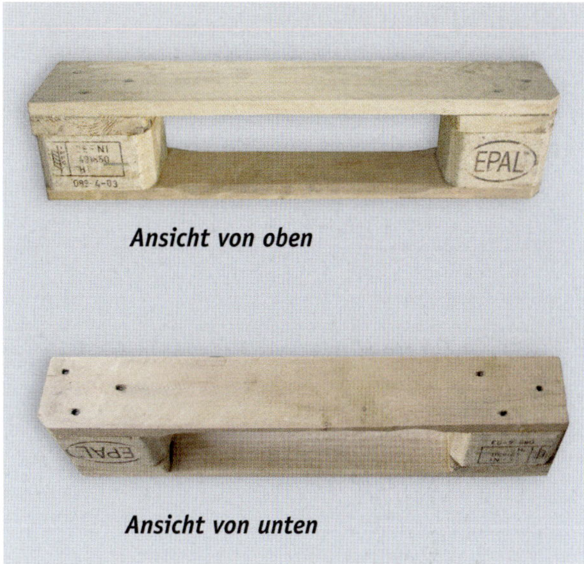

Teile 5 und 6: Zwei gleiche Fußstützen, 67 cm lang, 10 cm breit, 14,5 cm hoch. Diese werden aus der dritten Euro-Palette abgelöst und zugeschnitten.

Teil 7: Ein Palettenbrett, 120 x 10 x 2,2 cm; dieses wird aus der dritten Euro-Palette abgelöst.

Teil 8: Die Vorderseite des Kopfabschlussbretts, 120 cm breit, 80 cm hoch. Es ist die glatte Seite eines Paletten-Deckbretts.

Teil 8: Die Rückseite des Kopfabschlussbretts, 120 cm breit, 80 cm hoch. Es ist die unebene Seite eines Paletten-Deckbretts mit Querbrettern.

Montage des Jugendbetts

Nachdem Sie alle 8 Teile für das Jugendbett vorbereitet und mit dem Grundanstrich versehen haben, können Sie mit der Montage beginnen. Die Montage ist nicht sehr schwierig. Schauen Sie genau auf die Bilder und lesen Sie die Bildbeschreibungen.

Zunächst werden die Teile 1 und 2 L-förmig aneinandergelegt (siehe Abb. Seite 67 oben links). Das ist die Grundform unseres Jugendbetts. In dieser Stellung werden die beiden Paletten um 180 Grad gewendet, sodass sie mit der Oberseite auf dem Boden liegen und die Unterseite nach oben zeigt.

Dann werden die Teile 3 und 4 (große Fußstützen) auf Teil 1 und die Teile 5 und 6 (kleine Fußstützen) auf Teil 2 montiert (siehe Abbildung unten).

Ganz wichtig bei der Montage ist das Teil 3, das rund 4 cm über Teil 1 hinausstehen muss. Dieser Überstand bildet die Auflage für Teil 2 (siehe Abb. unten: Überstand im roten Kreis).

Wenn die Fußstützen (Teile 3 bis 6) mit den Teilen 1 und 2 verschraubt sind, wird alles wieder um 180 Grad gewendet, sodass die Teile jetzt auf den Fußstützen stehen. Dann wird Teil 2 auf die Auflage von Teil 3 gelegt, ausgerichtet und ebenfalls verschraubt (siehe Abb. Seite 67 unten links).

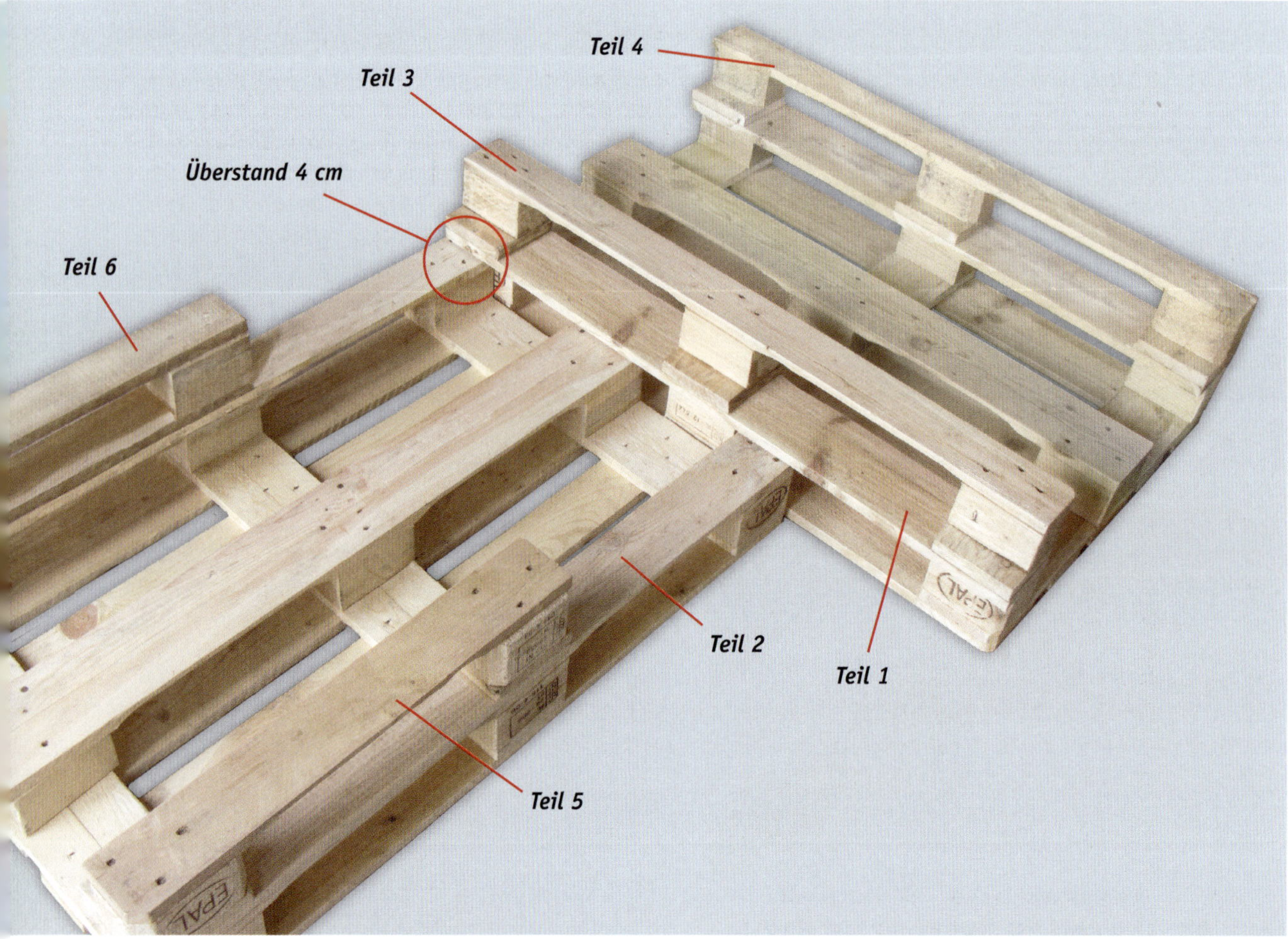

Die Teile 1 bis 6 von unten gesehen. Die Teile 3 und 4 werden mit Teil 1 verschraubt. Teil 3 muss 4 cm von Teil 1 überstehen (siehe roter Kreis im Bild oben). Die Teile 5 und 6 werden mit Teil 2 verschraubt.

Die Teile 1 und 2 werden L-förmig, eine Palette längs und die andere quer, aneinandergelegt. Das ist die Grundform unseres Jugendbetts.

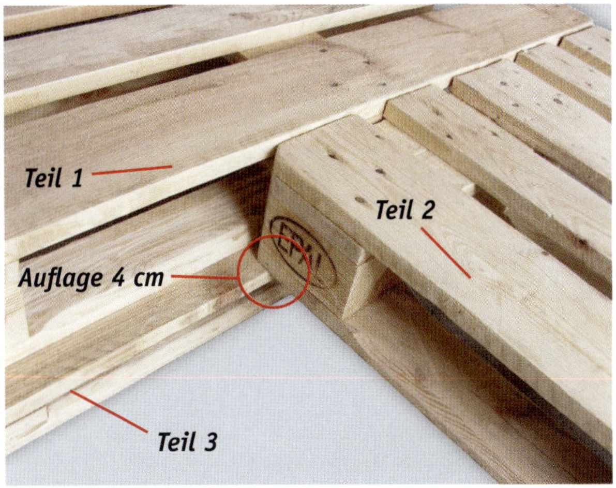

Wichtig bei der Montage ist das Teil 3, das rund 4 cm über Teil 1 hinausstehen muss. Dieser Überstand bildet die Auflage für Teil 2 (siehe Abbildung oben: Auflage im roten Kreis).

Teil 7 wird als Ablagebrett auf das Kopfabschlussbrett Teil 8 geschraubt. Dann wird Teil 8 von hinten an Teil 1 geschraubt. Nun fehlt nur noch der abschließende Anstrich und das Jugendbett ist „bezugsfertig" (siehe Abb. unten). Die weitere Gestaltung ist Ihnen überlassen. Zwei Gestaltungsbeispiele sehen Sie auf den Seiten 62 und 63.

Gartenbuffet

Das rustikale Gartenbuffet

Dieses Möbel ist ein nützliches, aber auch ein dekoratives Möbelstück, das man aus gebrauchten Euro- und Einwegpaletten herstellen kann. Es kann zur Aufbewahrung von kleinen Gartenwerkzeugen oder Materialien wie Blumentöpfen, Blumenerde, Pflanzendünger und sonstigen Kleinteilen wie Rosendraht, Kordel oder Samentütchen dienen.

So wie das Möbel hier verarbeitet und gestaltet wurde, ist es ein Möbel für Terrasse oder Garten. Man kann es aber auch für Esszimmer oder Wintergarten gestalten, wo es ähnliche Funktionen erfüllt. Da es sich hier um ein rustikales Möbelstück für den Außenbereich handelt, kann man auch gebrauchte Paletten aus sicherer Herkunft als Baumaterial verwenden. Doch sollten die Paletten keine größeren Schäden aufweisen und nicht krumm oder verbogen sein. Dies sollten Sie beachten, wenn Sie die Materialien laut Materialliste (unten links) besorgen.

Hinweis: Wenn Holzpaletten über lange Zeit im Freien gelagert wurden, nehmen sie Feuchtigkeit auf und geben sie auch wieder ab. Dadurch verzieht sich das Holz.

Das hier beschriebene Gartenbuffet ist nur eine von vielen Möglichkeiten, ein solches Möbel zu bauen. Man kann es in Größe, Form und Material nach eigenen Vorstellungen abwandeln. Ich selbst hatte auch schon mal ein ähnliches Möbelstück in einer Zeitschrift gesehen und wusste sofort, dass ich so etwas bauen wollte. Ich wusste aber sofort, was ich anders machen würde. Zusätzlich beeinflusst wurde ich noch von meiner Frau, die noch bestimmte Wünsche zur Gestaltung anmeldete. Da sie mir immer sehr fleißig hilft, konnte und wollte ich mich diesen Wünschen nicht verschließen. Vielleicht wird es Ihnen ähnlich ergehen. Es macht auch viel Freude, ein solches Möbel gemeinsam zu bauen und am Ende ein Möbelstück zu besitzen, das beiden Partnern gefällt.

Materialliste:

- 5 Euro-Paletten (120 x 80 x 14,5 cm)
- 2 Einwegpaletten (80 x 60 x 10 cm)
- 1 Palettendeckbrett (120 x 80 cm)
- 1 Kantholz (8 x 8 x 100 cm)
- Türbeschläge für zwei Türen, nach Belieben gebraucht oder neu aus dem Baumarkt
- Magnetverschlüsse für zwei Türen
- Griffe für Schubladen und Türen, 4 bis 6 Stück
- 2 Liter Holzschutzlasur als Grundanstrich
- 2 Liter Holzschutzfarbe (Farbe beliebig)

Verbrauchsmaterialien: Siehe Einleitung

Bauteile für das Gartenbuffet

Wie bei allen anderen Palettenmöbeln stehen nach der Materialbeschaffung zunächst wieder das Zuschneiden, das Schleifen und der Grundanstrich der einzelnen Teile an.

Teil 1

Teil 2

Teil 3

Teil 4

Die Teile 1 bis 4 sind 120 x 49 x 14,5 cm groß und werden aus vier ganzen Euro-Paletten zugeschnitten. Die Teile 3 und 4 werden noch weiter behandelt.

Teile 3 und 4: 120 x 49 x 14,5 cm. Bei diesen beiden Teilen sind im Unterschied zu den Teilen 1 und 2 die Fußbretter zwischen den Palettenfußklötzen vorne unten herausgesägt. Dies ist erforderlich, damit später die Schubladenöffnungen ausreichend hoch sind. Siehe gestrichelte rote Linien im Bild.

Teile 5 und 6: 120 x 9 x 14,5 cm.

Teile 7 bis 9: Drei Stützen aus Kantholz: 7 x 7 x 30 cm.

Teile 10 und 11: Zwei gleiche Teile 51 x 44 cm als Türen aus einem Paletten-Deckbrett zuschneiden.

Teile 12 und 13: Zwei gleiche Teile 47 x 37 x 78 cm aus zwei Einwegpaletten als Seitenteile zuschneiden. Achtung! Die beiden Seitenteile müssen als rechte und als linke Seite spiegelverkehrt zugeschnitten werden.

Teile 14 und 15: Zwei Latten 120 x 4 x 2,2 cm.

Teil 16: Eine Euro-Palette 120 x 80 x 14,5 cm als Regalaufbau bzw. Buffetaufsatz.

Teile 17 und 18: Zwei Bretter mit 120 x 10 x 2,2 cm; diese werden aus den abfallenden Palettenteilen der Teile 1 bis 4 gewonnen.

Teile 19 und 22: Vier gleiche Türbeschläge.

Teile 23 und 26: Vier Holzgriffe für Türen und Schubladen.

Teile 27 und 28: Zwei Möbelmagnete als Verschluss für die Türen.

Montage des Gartenbuffets

Bau-Etappe 1:
Die Teile 1, 5 und 6 sind hier schon miteinander verschraubt. Hierfür sollten Schrauben mit 60 bis 80 mm Länge verwendet werden. Es empfiehlt sich Schraublöcher vorzubohren, damit das Holz nicht reißt und man die Schrauben leichter eindrehen kann.

Bau-Etappe 2:
Die drei Stützen (Teile 7 bis 9) werden am besten mithilfe von kleinen Schraubwinkeln vorne mit der unteren Palette (Teil 1) verschraubt. Darauf setzt man dann Teil 2, das ebenfalls mit den Stützen und Teil 6 verschraubt wird.

Das Gartenbuffet gehört zu den aufwendigeren Möbelstücken, die hier im Buch beschrieben werden. Es sind relativ viele Teile vorzubereiten, also zuzuschneiden, zu schleifen und mit dem Grundanstrich zu versehen. Es bleibt Ihnen selbst überlassen, ob Sie die einzelnen Teile zuerst alle vorbereiten, bevor Sie diese zusammenbauen, oder ob Sie die Teile in Etappen vorbereiten und zusammenbauen.

Wenn Sie räumlich etwas beengt sind, empfehle ich Ihnen, in Etappen vorzugehen. Das hat den Vorteil, dass Sie nicht so viele Teile herumliegen haben und vielleicht die Übersicht verlieren.

Bau-Etappe 3:
Die Teile 3 und 4 werden auf Teil 2 gesetzt und alle miteinander verschraubt. Sie können hierfür nach Belieben Schraubwinkel verwenden oder auch mit entsprechend langen Schrauben die Teile direkt miteinander verschrauben.

Halten Sie öfter einmal eine Wasserwaage an Ihr Werkstück. Leider erlebt man immer wieder Überraschungen, da die Paletten öfter die Normmaße nicht einhalten und auch die Stärke der Palettenbretter differieren kann. Besonders bei älteren, gebrauchten Paletten können die Abweichungen sehr deutlich ausfallen.

Nachdem Sie die Bau-Etappe 3 abgeschlossen haben, ist das Grundgerüst des Gartenbuffets bereits fertig. Doch es bleibt noch viel zu tun. Es folgen die Fertigstellung der Ablagefläche sowie die Montage der Türen, des Regalaufbaus, der Seitenteile und der Bau der Schubladen. Auch hierbei geht man am besten in Etappen vor.

Bau-Etappe 4:
Damit man eine geschlossene Ablagefläche erhält, werden die zwei Latten (Teile 14 und 15) in die Zwischenräume der Bretter von Teil 4 gelegt und verschraubt oder mit Nägeln fixiert.

Bau-Etappe 5:
Die beiden Türen (Teile 10 und 11) werden mithilfe der Beschläge (Teile 19 bis 22) jeweils an beiden äußeren Stützen befestigt.

Danach werden die Türgriffe (Teile 23 und 24)montiert. Hierzu wird ein Loch mit einem Holzbohrer an der gewünschten Stelle der Tür gebohrt, die Schraube des Griffs hindurchgeschoben und von innen verschraubt (siehe Abb. Mitte).

Zwei Möbelmagnete (Teile 27 und 28) werden als Verschluss für die beiden Türen an der mittleren Stütze und den Innenseiten der Türen montiert.

Bau-Etappe 6:
Am Regalaufbau (Buffetaufsatz), Teil 16, werden vor der Montage auf die Ablagefläche (Teil 4) noch die unteren Zwischenräume zwischen den Fußklötzen frei geschnitten, also zwei Brettstücke entfernt (siehe gestrichelte rote Linien im Bild oben). Dann wird Teil 16 auf der Rückseite mit Teil 4 verschraubt.

Dann werden die beiden Bretter, Teile 17 und 18, auf den mittleren und unteren Fußklötzen von Teil 16 aufgelegt und verschraubt.

Bau-Etappe 7:
Die beiden Seitenteile, Teile 12 und 13, werden seitlich rechts und links am Korpus des Gartenbuffets so ausgerichtet, dass sie mit der Ablagefläche (Teil 4) oben abschließen, und mit Schrauben befestigt.

Bau-Etappe 8: Schubladen aus Weinkisten
Wie schon in der Einleitung erwähnt, können Weinkisten aus Holz eine praktische Basis für den Bau von Schubladen sein.

Aus zwei Weinkisten (33 cm breit, 28 cm tief, 11 cm hoch), verbunden mit je einem Frontbrett aus einem Palettenabfall (37,5 cm breit und 12 cm hoch), kann man leicht eine Schublade bauen. Dazu noch zwei Griffe aus Holz oder Metall, und schon hat man zwei praktische Schubladen fertig.

Fertig ist nun auch das Gartenbuffet. Die Anstrichfarbe und die Dekoration sind Ihnen freigestellt.

Wandregal und Garderobe

Wandregal und Garderobe

Wenn es beim Bau von Palettenmöbeln auch so etwas wie „Pflicht“ und „Kür“ gäbe, so wären wir jetzt bei der Kür angelangt. Hier gebe ich keine schlauen Ratschläge mehr, sondern lasse einfach die Bilder sprechen. Selbst wenn Sie nur einen Teil der einfacheren Möbelstücke gebaut haben, so bewältigen Sie diese einfachen Dekorationsstücke ganz leicht.

Lassen Sie sich von den Bildern inspirieren. Die in den Bildern gezeigten Beispiele sind für jeden Heimwerker und Hobbybastler mit wenig Aufwand und viel Kreativität umsetzbar oder abwandelbar.

Selbst eine vergammelte Einwegpalette kann zu einem dekorativen Wandregal inspirieren. Dieses kann genauso gut aussehen wie ein teures Gemälde an der Wand.

Egal was Sie machen und wie Sie es machen: Vergessen Sie nie die Herkunft der Paletten und behandeln Sie diese gegen Keime, Pilze und sonstige Parasiten, bevor Sie sich so ein Möbelstück in die Wohnung nehmen. Wichtig ist auch eine solide Befestigung oder Wandaufhängung. Kräftige Schrauben, Dübel und Haken müssen es schon sein.

Herzlich willkommen!
Heute bei uns zu Gast:

MIXBUCH
DEAVER
DER WALD
Papillon